唤醒思维的数学书

张鹤 著

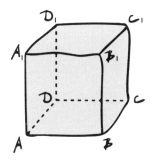

中国大百科全书出版社

图书在版编目（CIP）数据

唤醒思维的数学书/张鹤著. --北京：中国大百
科全书出版社，2020.1
　　（中国中学生成长百科）
　　ISBN 978-7-5202-0656-3

　　Ⅰ.①唤… Ⅱ.①张… Ⅲ.①数学–思维方法–青少
年读物 Ⅳ.①O1-0

中国版本图书馆CIP数据核字（2019）第282717号

出 版 人：刘祚臣
策划编辑：刘　杨
责任编辑：刘　杨
封面设计：吾然设计工作室
责任印制：邹景峰

出　　　版：中国大百科全书出版社
地　　　址：北京西城区阜成门北大街17号
邮　　　编：100037
网　　　址：http://www.ecph.com.cn
电　　　话：010-88390718
图文制作：北京博海维创文化发展有限公司
印　　　刷：小森印刷（北京）有限公司
字　　　数：200千字
印　　　张：13.5
开　　　本：889mm×1194mm　1/16
版　　　次：2020年1月第1版
印　　　次：2023年11月第5次印刷
ＩＳＢＮ：978-7-5202-0656-3
定　　　价：88.00元

如何学好数学（代序）

Preface

2009 年，杂交水稻之父袁隆平院士回到中学母校，谈到了他学习数学的一段往事．

他开玩笑似的自曝，说读中学时数学成绩不太好．这怎么可能呢？原来在他上初中的时候，有一次上课学"正负数运算"，他的数学老师讲"负乘负得正"．他想不明白为什么：正数乘正数得正数，好理解；为什么负数乘负数也得正数呢？

他去问数学老师，但是他的数学老师也没有把"负负得正"讲明白，让他记住这个结论会做题就行了．

袁隆平院士幽默地表示，从此他对数学就不感兴趣了，数学也就没有学好了．

1. 要培养独立思考问题的习惯

其实故事听到这里，我们了解到袁隆平院士从小就非常喜欢独立思考问题，喜欢刨根问底．不轻易接受一个结论，这是一个学生学习知识时最宝贵的素质．

这个故事也从另外一个侧面告诉我们：在数学学习中强调死记硬背结论，会浇灭原始的、强烈的求知欲．因为对数学知识背后的原理的追问，正是我们喜欢学习这门学科的最大动力．

如何解释"负负得正"呢？

北京航空航天大学的李尚志教授是这样解释的："一个人站在你面前，如果面对你为正，向后转为负，从面对你开始连续后转两次，就又面对你了．"

相信这样一个形象的比喻，已经把"负负得正"解释清楚了.

想当年如果袁隆平院士能够听到这样的解释，也许他会喜欢上数学，没准一不留神，会成为一名在数学领域有成就的科学家呢.

我们在学习数学的时候，如果能够学会提出问题、能独立思考数学问题，你也就会觉得，学习数学是挺有意思的一件事情了.

2. 要明确学习数学的价值

为什么学数学？数学学习的价值是什么呢？这个问题看似简单，但不是所有人都能说清楚的.

2015 年的暑假，我在南京参加一个教育部组织的学术会议.

这个会议不仅邀请了大学教授、中学教师、教研员，还请了学生家长，大家共同探讨八年级数学的教学及评价问题.

在一次分组讨论时，一位家长代表、显得很干练的女士的发言引起了我的关注.这位家长说，她自己在上学的时候，数学学得非常好，但是她感觉现在自己孩子学的数学知识太多，她对此有点困惑.她说："我数学成绩很好，工作上也没用上什么呀？为什么要学习这么多的数学知识呢？"

听完这位家长的发言，我问道："您是做什么工作的呢？为什么说数学对您的工作没有起到作用呢？"她告诉我，她是一名法官，中学的数学知识都没用上.

我笑着说："中学学到的知识在您的工作中的确没有用上，如三角形内角和定理、勾股定理等，还有学平面几何时证明了那么多的题目，这些知识您也许都忘记了，的确不会影响您的工作.但是，您作为一名法官，一定是具有严谨的逻辑思维能力的，这种思维能力又是从哪里得到的呢？这不正是您数学学得好的结果吗？"这位女法官被我的一席话点通了，不再纠结于孩子学习数学的价值.

可以看出，数学这门学科对人的影响是潜移默化的，有的时候让人都没有察觉.

有一次，我去一所学校给高一新生上一节数学方法的指导课.我在上课前就向全体学生提出了一个问题：我们为什么要学习数学呢？一个男同学的发言给我留下了深刻的印象，他非常干脆地说："学数学是为了培养我们的逻辑思维能力."这个回答太完美了！

可以说，在中学阶段，学习数学的最大价值在于培养逻辑思维能力.数学知识仅仅是数学学习的载体，我们通过知识的学习，要学会理解知识的思维方法，要掌握解决数学问题的方法，要会用数学的思想、观点认识世界.

3. 想明白、说清楚

那么，如何学好数学呢？

要学好数学，首先要做到"想明白、说清楚".

什么叫想明白呢？袁隆平院士不就是对"负负得正"想不明白，才不喜欢学习数学的吗？想明白，就是指动脑筋，要思考．如果我们在做数学题的时候，连题目说的是什么都不清楚，就匆匆忙忙去做题，怎么可能真正解决问题呢？

说清楚，就是要能够用自己的语言把自己对数学问题的理解表达出来．这种表达是对数学思维的最好训练．只有想明白的人，才能够说清楚，说不清楚的，一定是还没有想明白．

我听过一节"化简求值"的七年级数学课．这节课中的一个男同学的思维活动给我留下了深刻的印象．全班同学在老师的带领下解决这样一个问题：

当 $x=-1$ 时，$ax^3+bx+1=6$，那么，$x=1$ 时，求 ax^3+bx+1 的值．

这是初中按照"整体代入"的思维进行计算求值的常规题目．

标准的解法：将 $x=-1$ 代入到 $ax^3+bx+1=6$ 后得到 $a+b=-5$，再将 $x=1$ 代入到 ax^3+bx+1，得 $a+b+1$，从而得到结果 $a+b+1=-5+1=-4$．

一位小男生走到黑板前谈了自己的一个想法．他认为，只要是式子"ax^3+bx"中的 x 取两个互为相反数的值，不论 a、b 取多少，这两个值的和都是零．因此，可以利用这条性质求值．当 x 分别等于 1 和 -1 时，两个式子的和为 2，知道了前者为 6，那后者一定就是 -4 了．

他的想法实际上就是高中函数非常重要的奇函数性质．当然，刚刚进入中学的七年级小男生并不了解函数的这个性质，甚至什么是函数也许还不是太清楚．但在课堂中，他的数学思维已经进入了变量思维，已经在用函数的思维方式思考问题和解决问题了．这是一个真正"想明白"了的同学！

按照方法二解出答案后，喜悦之情洋溢在小男生和老师的脸上．在分享他们喜悦的同时，我们是不是也能够分享到学好数学的方法呢？

下面，举一个我儿子高三复习的例子：

我儿子是 2008 年参加高考的．在高考前的最后阶段，我问他数学复习还有没有问题．他告诉我，解析几何的综合题还没有太大的把握．我就和他约定，每天放学后到我的办公室，一起来讨论问题．每次他来我的办公室，我都是给他准备一道解析几何的综合题，让他先做，然后让他给我讲他的思路，如果我听明白了，就过了；如果他讲不清楚，甚至做不出来，我们就一起分析、讨论，直至做出这个题目．在这个过程中，我始终没有直接告诉他解决问题的方法，而是启发他自己找到方法．经过这样近一个月的讨论，就到了高考的日子了．2008 年北京卷数学理科的 19 题，也就是解析几何的那道综合题，他做得很顺利．出了考场儿子告诉我，只花了 10 分钟就做完了，而且自信一定做对了．

作为学生的我们，在学习数学知识的时候，要喜欢思考问题、研究问题，要努力做到想明白、说清楚．这样，我们就一定能够从数学的学习中享受到思维的快乐．

4. 走出误区：做题越多，数学的能力越强吗？

学数学，都离不开做题目，做数学题的目的是什么呢？

每当数学考试成绩不太理想的时候，家长就常常怪我们做数学题目太少，似乎做题目的数量多少和解题能力的强弱有着直接的关系．

我曾经问过学生，解题方法是多好还是少好？很多学生都认为：解题越多，见的套路就越多，方法也就越多，这样解题的能力就会越强了．

正是由于很多同学包括家长是这样理解数学学习的，因此，为了学好数学，很多学生希望通过多做数学题来提高数学成绩．

这种认识和做法，有点像竞技体育的运动员的训练．2017年世界乒乓球锦标赛上，中国队再次取得了优异的成绩．在比赛转播时，评论席上的解说员在谈到运动员的训练时说，为了取得好成绩，乒乓球运动员每天都要进行大运动量的训练，对手打过来的球如果思考对策后再打回去就来不及了，要训练到凭感觉把球打回去．这是竞技体育的特点，大运动量、高强度的训练的确可以提高比赛成绩．

但数学学习不是这样的，它是以思维活动为主要内容的．我们在想问题的时候，并不需要很快动手操作，拿到数学问题的时候你别着急去算，先把问题看懂．不能在平时学数学的时候，就是考试的"状态"，用操作替代思维活动．时间长了，你可能就不会想了，不会用数学的思维方法理解数学问题了．我们不能用类似运动员训练的方法学习数学，换句话说，大量地、重复性地做一些题目，有些时候效果未必好．原因在哪里呢？

学数学是要学会数学的思维方法，而思维是离不开人的思维活动的．盲目做题、套用方法做题，追求做题越熟练越好、不用想就会做题等，都不是好的学习数学的方法，因为这样的学习，看似很勤奋，但是没有思维的投入，就是没有学到"点"上．

题目的确要多做，但是要清楚，做数学题的目的是学会理解数学问题，从研究数学对象的性质和关系中找到解决问题的具体方法．当你做了10道、20道题目之后，就要想一想，这些问题在解决方法上有没有共性的地方？数学问题的形式可以是多种多样的，但是研究数学对象的性质和关系的方法是有限的．我们所运用的解决问题的具体方法，都是通过运用研究出来的数学对象的性质和关系得到的．从这个意义来说，你会不会解决数学问题的关键，在于是不是具备研究数学对象的性质及关系的能力．

总之，学习数学的目的是培养我们的数学思维能力，要学好数学，我们就要勤动脑，学会用数学的思维方法理解并解决数学问题．

思考是一种安静的力量．来读这本书吧，让我们投入一场数学思维的盛宴中去！

目 录
Contents

方法篇

观点篇

引子：数学教会了我什么？

Introduction

曹文浩

从一年级入学，到我递上高考卷，这期间数学每天都没有缺席．我投入了如此多的时间，面对这巨大的机会成本，我反复诘问自己：

我到底都学会了什么？

若回答是运算或者解题，这种可以轻易被电脑替代的东西，那显然我白学了．逻辑能力？似乎也可以被电脑取代，下围棋不能说没有逻辑，尽管通路可能不同，但结果是电脑赢了人类．

我不是一个想深造、钻研数学的人．所以数学之于我，除了带给我快乐之外，其作用应该落在应用上．那它到底有怎样的应用，又带给我怎样的改变呢？

我思前想后，总结了一句话：

数学教我成为一个理性的决策者．

不妨就从做一道数学题做起．审题是语文功夫，算不得严格的数学范畴．审完题开始思考，其实就是开始决策．这里该往哪边想？选用哪种转化？用哪个形式表达合适……思考过后的落笔，只不过是思维的表达，我觉得又是语文范畴了．数学的本质是那段思考，而思考的落点是做出决策，每个岔路口我该怎么选择．

之前蒙昧状态下，那就是跟着感觉走．题海战术的作用，我认为就归结于这种感觉．某种程度上说，AlphaGo 不也是立足题海战术赢了人？

数学这个学科到底有什么用，迷雾拨开，才慢慢理解，如果每道题都用"记忆匹配"快速得到思路，而放弃了每一次从头到尾完整独立的思考，那这 12 年，除了换一个分数，真的算是白费了．

于是，忘了哪天，我想明白这些以后开始把每道数学题当成一个个决策的关口来玩味，我觉得非常有意思．在生活中遇不到如此理想化的岔路，但思维的训练对于理性权衡能力的培养是相通的．举个例子，比如当时讨论的"设点还是设线"，以往跟着感觉走，往往也能选到比较好的那种．但在经历理性思考，为什么设点？为什么设线？它们的优劣？它们的本质是在转化什么？当题目中的"动"的部分有怎样的特征的时候选择相应的哪种方法……越想，越有味．生物是长篇大论的题目归结于几句关键的逻辑桥梁，而数学是两行简单的数学语言可以思量出几页"理性权衡"．

我试图迁移这种能力到生活中，确实很多时候也很有用，真的让我受益匪浅．结合理三科的实验思维，我从真实的生活选择题中剥离出起主要作用的有限个变量，加以权重，理性权衡．学数学之前，或者想明白这些之前，我做每个决策时脑子里大概是一个混沌的状态：一团云雾，冥冥之中有一个答案．

而现在是：几个相对清晰的变量，有明确的"对比点"，我基本明白我看重它们的程度高低，而且可以在一定程度上预判结果．

可能这两种思维路径得到的决策结果是一样的，但就算后者没有给我带来更优选择，经过这样一番所谓的"理性思考"获得的结论也会让我更自信地选下这个选项，让我更有底气，我相信我一定是对的．其实有时候真的不一定这就是最好的．但在这种盲目的自信中，它依然可以和最好的匹敌——让自己相信自己的决断，这实在是一种加码．

所以归结起来：

12 年的基础数学教育，让我成为一个更加理性的决策者．这可以为我每一个决策增长信心，时而还能带来更好的选择，甚至还能创造更佳的选项．在这其中，顺带着数学让我应付了一场考试，把自己选拔到了一个相对更好的平台．这是数学之于我的意义．

本文作者曹文浩毕业于北京市中关村中学，系清华大学经济管理学院 2019 级新生．
此文献给曹同学的高中数学老师董立，并向所有唤醒数学思维的老师致敬！

01

思维篇

思考是一种安静的力量：

从 *x* 与 2-*x* 说起

在数学学习的过程中要理解数学问题、解决数学问题，我们的大脑就需要进行数学思维活动．那么什么是数学的思维活动呢？做一个小测试：

如果我在黑板上写上字母 x，你想到了什么？

如果再写 $2-x$，你又想到了什么呢？

$$x \quad 2-x$$

如果你只是读一遍：x 和 $2-x$，这不是数学思维；同样，如果你把 x 赋值，用具体的数值表示它们，也不是数学的思维活动，而是操作．

如果用数学的眼光看 x，你的大脑的思维就会活动起来，你会思考符号 x 背后的数学含义：

从代数的角度思考，它表示一个不确定的实数；它是自变量；它是未知数；你也可能想到了 x 还是函数．

从几何角度去思考，可以将 x 理解为数轴上的点的坐标，这个点是动点．

同样，对于 $2-x$ 的理解也可以和上面一样，从代数含义和几何含义两个方面去思考．

如何理解 x 和 $2-x$ 的关系呢？

尽管 x 与 $2-x$ 是不确定的，但是它们的和是 2，这却是不变的，对所有的 x 都成立，这是代数角度．如果从几何的角度看，其对应的几何特征是在 x 轴上以点（1，0）为中点的两个横坐标，这两个实数对应的是 x 轴上关于点（1，0）对称的两个动点．

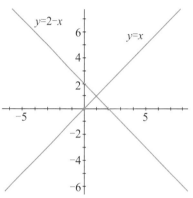

当然，x 和 $2-x$ 还有相等或不等的大小关系．

如果我们把 x 和 $2-x$ 理解为函数，则这两个函数的图像是互相垂直的两条直线．

如果我在黑板上写的是"函数 $f(x)$ 满足 $f(x)=f(2-x)$"，你又该如何理解这个数学的符号语言呢？

$$函数\ f(x)\ 满足\ f(x)=f(2-x)$$

可能你理解的是 $f(1)=f(2-1)$，$f(-1)=f(2+1)$……这样的"理解"不是真正的数学思维活动，只是代入求值的操作．类似这样的倾向于没有思维活动的操作，其根源是没有看懂这个数学的符号语言所表达出来的数学内涵．

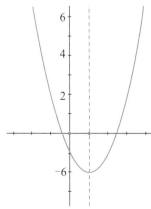

实际上，$f(x)=f(2-x)$ 所表达的含义是：函数 $f(x)$ 的自变量取和为 2 的两个值 x 与 $2-x$ 的时候，对应的函数值 $f(x)$ 与 $f(2-x)$ 相等；从这个符号语言中，我们还能够读出这个函数的几何特征．即：x 轴上，以 x 和 $2-x$ 为横坐标的两个动点关于（1，0）点是对称的，其对应的纵坐标总是相等的．因此，这个函数的图像关于直线 $x=1$ 对称，如左图．

如果已知函数 $f(x)$ 的图像关于直线 $x=1$ 对称，你如何理解这句话呢？

当然，你可以先从几何特征的角度理解：函数 $f(x)$ 的图像沿直线 $x=1$ 折叠能够重合．

从代数的角度来说，你就要考虑能够使得对称轴两侧的函数值相等的自变量是什么关系？由于对称轴是 $x=1$，这条直线与 x 轴垂直于点（1，0），因此，函数图像上关于直线 $x=1$ 对称的两个点的横坐标是以点（1，0）为中点的．换句话说，对应的两个函数的自变量的和为 2.

能够从函数的几何特征分析得到这个函数的代数特征，也就是自变量与因变量的关系，这就需要你具有较强的数学的思维能力．

敲黑板

> 函数性质的数学表达，要么是抽象的符号语言，要么是函数图像的几何特征，但不会把符号语言背后的代数特征直接表达出来，也不会把函数图像几何特征背后的代数特征直白地写出来，这是数学的魅力所在．
>
> 无论是数学的符号语言还是函数图像的几何特征，其对应函数的代数特征都是需要明确的，这是函数思维活动的主要内容．我们在学习函数的时候，要有能力将其转化为自变量的变化规律和对应的因变量的关系，而这些都需要数学的思维活动来完成．

如何用数学的眼光看下面这个函数图像呢？

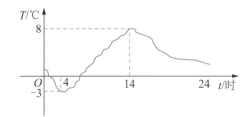

这张图是北京春季某一天的温度 T 随时间 t 的变化而变化的函数图像，气温 T 是时间 t 的函数．

如果你从图像中看到的是：

（1）这一天中凌晨 4 时温度最低（-3℃），14 时气温最高（8℃）.

（2）从 0 时至 4 时气温呈下降状态，从 4 时到 14 时气温呈上升状态，从 14 时至 24 时气温又呈下降状态.

（3）从图像中能看出这一天中任一时刻的气温大约是多少.

可以说，你看到的每一条信息都是正确的. 但是，从整体看这 3 条表达是没有数学思维在里面的. 你知道为什么吗？

实际上，上面的表述不是用数学的眼光看这个图像的结果，因为观察函数的图像所提出来的三条有关函数的信息是没有逻辑关系的.

如何用数学的思维看这个实际问题的图像呢？

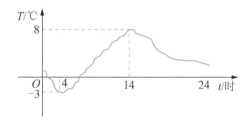

我们从图像中能看出这一天中任一时刻的气温大约是多少，表明这是函数的图像；之后，我们就要从函数图像的整体来认识这个函数，也就是函数的变化状态是怎样的？因此才有"从 0 时至 4 时气温呈下降状态，从 4 时到 14 时气温呈上升状态，从 14 时至 24 时气温又呈下降状态"这样的表述；在此基础上，我们才能看到函数的最大值和最小值：这一天中凌晨 4 时温度最低（-3℃），14 时气温最高（8℃）.

敲黑板

从函数的概念和研究函数性质的角度理解这个实际背景下的图像，才是用数学的眼光看待问题，才是我们要学习的数学的思维方法.

在函数的研究中，我们一般应该先研究单调性，再研究函数的最大（小）值. 不讲逻辑地看，从图像中我们也的确能看到刚才所说的 3 条信息，但这样得到的仅仅是结论，而没有获得研究函数性质的思维方法.

学好数学的自信心来自哪里呢?

    首先我们要有能力享受学习数学的乐趣 . 这种乐趣不是数学知识里生动有趣的故事情节所带给我们的,而是数学自身的魅力 . 这种魅力就是数学的抽象的符号语言和直观的几何特征背后具有的深刻的数学思维内涵 .

    其次,我们要能够通过数学的学习,掌握数学各个单元的思维方法,学会如何思考数学问题 .

    如果我们掌握了研究数学问题的一般方法,会以研究问题的心态去解决一道道的数学题;如果我们已经掌握了数学学科的思维方法,会用数学的思想、观点理解数学问题的话,我们必然会有足够强大的力量和自信 .

老师说

    我们要坚信,思维是一种力量!因为只有思维才最接近数学学习的本质;只有思维,才能够让我们变得越来越聪明、智慧!

    我们要自信,思考是一种安静的力量!我们要拒绝任何浮躁的、形式主义的学习方式,因为那是违背数学学习规律的 . 我们要能够静下心来,坚持不断地思考,在解决问题的过程中提高自己的思维能力,以积极的思维状态加入数学的思维盛宴中 .

几何对象的位置关系及其代数化：

你看得懂平面直角坐标系吗？

笛卡儿（René Descartes，
1596—1650）
法国哲学家、数学家、物理学家，解析几何学奠基人之一．1637 年发表著作《科学中正确运用理性和追求真理的方法论》．在其附录《几何学》中较全面地叙述了解析几何的基本思想和观点，并创造了一种方法：引进坐标，建立点和数组的一一对应关系，然后得出几何问题的代数方程，并根据方程研究曲线的性质．

我们知道：在平面内画两条互相垂直、原点重合的数轴，就组成了平面直角坐标系．水平的数轴称为 x 轴或横轴，取向右为正方向；竖直的数轴称为 y 轴或纵轴，取向上方向为正方向；两坐标轴的交点为直角坐标系的原点．

平面直角坐标系是我们运用代数的方法研究几何对象的平台，也是我们学习函数的时候画函数图像的地方．到高中学习平面解析几何时，你更离不开这个平面直角坐标系了，可以说平面直角坐标系是我们学习数学最有用的工具．但是，你真的了解平面直角坐标系吗？

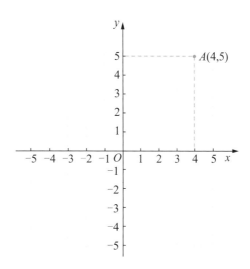

问题1：在平面直角坐标系 xOy 内，点是如何体现其位置关系的呢？

我们知道：x 轴把平面分成了上下两个部分及 x 轴所在的直线．x 轴上方的点与 x 轴下方的点包括 x 轴上的点就是不同位置上的点．这里所说的位置是平面相对于 x 轴来说的．不同位置上的点其坐标有什么不同的代数特征呢？位置相同的点的坐标是不是也有相同的代数特征呢？

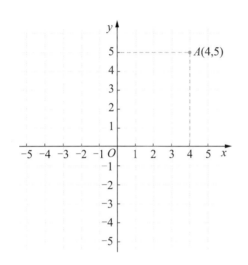

结合思考题，试试自己在平面直角坐标系上取点．

思考一 如果你从 x 轴上方的平面区域内任取几个不同的点，如：$A(4，5)$、$B(0，4)$、$C(-3，5)$ 等，你会发现点的坐标有什么特征吗？

x 轴上方的平面区域内的点的横坐标可以取任意的实数，纵坐标都是正实数．

思考二 如果是在 x 轴下方的平面区域内任取几个不同的点，如 $D(-2，-3)$、$E(0，-4)$、$F(3，-5)$ 等，它们的坐标又有什么特征呢？

不难发现，在 x 轴下方的平面区域内的点的横坐标可以取任意的实数，纵坐标都是负实数．

思考三 如果在 x 轴上任意取几个点，如 $(-3，0)$、$(0，0)$、$(2，0)$、$(6，0)$，这些点的坐标的共同特征是不是也非常明显呢？

在 x 轴上的点的横坐标可以取任意的实数，但其纵坐标总为 0.

在同一平面区域内点的坐标具有共同的代数特征，在两个不同区域的点，其坐标的代数特征具有差异．这也就告诉我们，通过点坐标的代数特征可以刻画点的位置．

我们再看 y 轴，它把平面分成了左右两个平面区域及其自身所在的直线．左右两部分区域点的纵坐标可以是任意的实数，那么如何通过坐标刻画 y 轴左右两部分区域这种位置的不同呢？

此时我们应该关注的就是横坐标了：y 轴左边区域的点的横坐标是小于零的实数；y 轴右边区域的点的横坐标是大于零的实数；y 轴上的点的横坐标都是 0.

我们再从整体上看平面直角坐标系 xOy，你会看到：互相垂直的两个数轴 x 轴与 y 轴将整个平面划分为 4 个区域及 x 轴与 y 轴所在的两条直线．

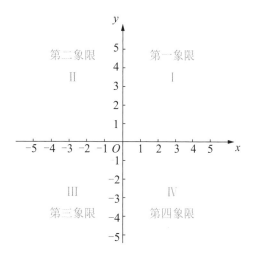

如图，这 4 个区域我们称为第一象限、第二象限、第三象限和第四象限．此时坐标平面内的点的位置又是如何体现的呢？

可以看出，分别在这 4 个不同象限内的点的位置相对于 x 轴与 y 轴来说是不同的．

我们以第二象限内的点为例.

首先看几何的特点：在这个象限内的点的位置特征是：在 x 轴的上方且
在 y 轴的左侧；再看代数的特点：对应的点 $P(x, y)$ 的横坐标 $x<0$，纵坐标
$y>0$.

这里提出一个问题：第二象限内的点的符号特征与 x 轴、y 轴的关系是
怎样的呢？你能解释吗？

点的坐标是有序数对，是代数层面的；但在平面直角坐标系的背景下，
这样的坐标就有了几何的含义，也就是具备了几何层面的特征.

例如：有如下的点的坐标：$(1，-3)$、$(1，0)$、$(1，5)$ 等，这些点的坐
标的代数特征是什么呢？

显然，这些点的横坐标都是1，其对应的几何特征就是这些点都在同一
条直线上，这条直线与 x 轴垂直于点 $(1，0)$，并且与 y 轴平行且距离为1.
这条直线可以用 $x=1$ 来表示，在高中我们知道 $x=1$ 就是这条直线的方程.

这条直线上点的横坐标都为1，但纵坐标可以为任意的实数.从几何的
位置关系看，直线 $x=1$ 将平面分成了左右两个部分，那么，
这两部分点的坐标的代数特征又分别是什么呢？直线 $x=1$ 的
右侧的点，其横坐标都是大于1的；而直线 $x=1$ 的左侧的点，
其横坐标都是小于1的.也可以这样理解：直线 $x=1$ 的右侧区
域的代数表达形式是 $x-1>0$，直线 $x=1$ 的左侧区域的代数表达
形式是 $x-1<0$.这样，过点 $(1，0)$ 垂直于 x 轴的直线在平面
上所划分的三部分区域是不是都可以用代数的形式表达了呢？

我们再分析下列各点：$(-3，-3)$、$(-2，-2)$、$(0，0)$、$(2，$
$2)$、$(3，3)$……

这些点的代数特征是横、纵坐标都是相等的；它们也有共
同的几何特征，即都在同一条直线上，这条直线是一、三象限
的角平分线，其方程是 $y=x$.

直线 $y=x$ 除了自身外，将坐标平面分成了右下方和左上方

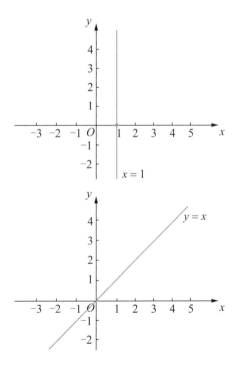

区域两部分. 直线右下方区域的点，其坐标有什么特征呢？你也可以在这个区域内任意取一些点，分析它们的坐标. 如点（-1，-2）、（0，-3）、（1，-2）、（2，1）、（5，4）等，这些点的横坐标都大于纵坐标（也就是横坐标减纵坐标大于 0）. 即：如果点（m，n）在直线 $y=x$ 的右下方区域，则 $m > n$（也就是 $m - n > 0$）；同样，如果点（m，n）在直线 $y=x$ 的左上方区域，则 $m < n$（也就是 $m - n < 0$）.

类似地，我们再分析下列各点：（-3，3）、（-2，2）、（0，0）、（2，-2）、（3，-3）……

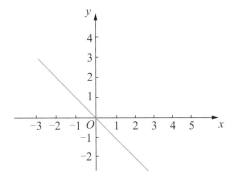

这些点的代数特征是横、纵坐标均互为相反数，也就是它们的和为 0；它们有共同的几何特征，即都在同一条直线上，这条直线是二、四象限的角平分线，其方程是 $y=-x$.

同样，直线 $y=-x$ 除了自身之外，将坐标平面分成了右上方和左下方区域两部分. 直线的右上方区域的点，如点（-1，2）、（0，3）、（1，0）、（2，-1）、（5，-2）等，它们的横坐标与纵坐标的和都大于 0. 即如果点（m，n）在直线 $y=-x$ 的右上方区域，则 $m + n > 0$；类似地，如果点（m，n）在直线 $y=-x$ 的左下方区域，则 $m + n < 0$.

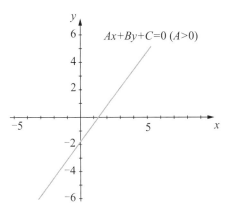

敲黑板

推广到一般情形：倾斜角为锐角的直线 $Ax + By + C = 0$（$A > 0$）将平面分为三部分：直线 $Ax + By + C = 0$（$A > 0$）及直线的右下方区域和直线的左上方区域.

那么，这条直线右下方区域点的坐标有什么共同的代数特征呢？

我们做如下分析：如图，因为直线 $Ax + By + C = 0$（$A > 0$）的倾斜角为锐角，则斜率 $-\dfrac{A}{B} > 0$，因为 $A > 0$，所以 $B < 0$.

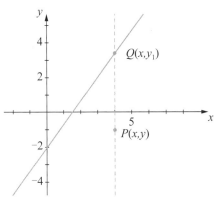

在直线 $Ax + By + C = 0$ 的右下方任取一点 $P(x, y)$，过点 P 做 x 轴的垂线，交直线 $Ax + By + C = 0$ 于点 Q，设 $Q(x, y_1)$，则 $y_1 > y$，且 $Ax + By_1 + C = 0$，因为 $B < 0$，所以 $By_1 < By$，因此

$Ax + By_1 + C < Ax + By + C$，即 $Ax + By + C > 0$.

针对直线倾斜角我们可得如下结论：

（1）倾斜角为锐角的直线 $Ax + By + C = 0$（$A > 0$）的右下方区域的点 $P(x，y)$，坐标的代数特征是 $Ax + By + C > 0$；直线 $Ax + By + C = 0$（$A > 0$）的左上方区域的点 $P(x，y)$，坐标的代数特征是 $Ax + By + C < 0$.

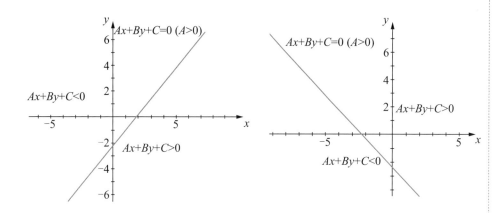

（2）同理，如果倾斜角是钝角，我们可以得到如下结论：直线 $Ax + By + C = 0$（$A > 0$）的右上方区域的点 $P(x，y)$ 坐标的代数特征是 $Ax + By + C > 0$，左下方区域的点 $P(x，y)$ 坐标的代数特征是 $Ax + By + C < 0$.

（3）如果是倾斜角为 90° 的直线 $x = x_0$，则这条垂直于 x 轴的直线的右侧区域的点 $P(x，y)$ 坐标的代数特征是 $x > x_0$，左侧区域的点 $P(x，y)$ 坐标的代数特征是 $x < x_0$.

（4）如果是倾斜角为 0° 的直线 $y = y_0$，则直线 $y = y_0$ 上方区域的点 $P(x，y)$ 坐标的代数特征是 $y > y_0$，直线 $y = y_0$ 下方区域的点 $P(x，y)$ 坐标的代数特征是 $y < y_0$.

敲黑板

　　观点：从以上的讨论，我们不难看出研究几何对象的思维是，先研究其位置关系，再研究代数形式的刻画．也可以说是几何对象的位置关系确定了，才谈得上代数化．但是研究位置关系必须是两个或两个以上的几何对象，有没有位置关系的关键是你看到的几何对象是不是两个或两个以上，这一点非常重要．

　　如前面我们所研究的平面直角坐标系 xOy 上的点，表面来看是一个几何对象，但为什么也研究了它的几何特征点的位置呢？其原因在于这个点是在平面直角坐标系 xOy 上的点，此时看这个点不是孤立的一个点，还有 x 轴和 y 轴这两条直线．正是因为这两条直线将坐标平面划分为四个象限及两条直线本身，所以平面上的任何点都是有位置的，也因此有了点的坐标的代数特征．

　　这里，x 轴所在的直线方程是 $y=0$，y 轴所在的直线方程是 $x=0$.

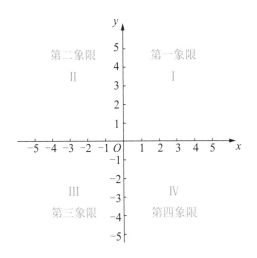

　　第一象限内的点 $P(x, y)$ 在直线 $x=0$ 的右侧，在直线 $y=0$ 的上方，故 $x>0$，$y>0$；

　　第二象限内的点 $P(x, y)$ 在直线 $x=0$ 的左侧，在直线 $y=0$ 的上方，故 $x<0$，$y>0$；

　　第三象限内的点 $P(x, y)$ 在直线 $x=0$ 的左侧，在直线 $y=0$ 的下方，故 $x<0$，$y<0$；

　　第四象限内的点 $P(x, y)$ 在直线 $x=0$ 的右侧，在直线 $y=0$ 的下方，故 $x>0$，$y<0$.

老师说

　　平面直角坐标系是代数化了的平面，让我们运用代数的方法解决几何问题成为了可能；借助这个平台，我们也体会到了数学方法的美妙，一个是形，一个是数，两个看似没有关系的数学研究对象在平面直角坐标系 xOy 中完美地结合在了一起．

问题 3：如何在平面直角坐标系内，确定几何对象的位置关系？

下面，我们通过几个问题的思考，进一步体会如何在平面直角
坐标系内，确定几何对象的位置关系．

例 1 设 D 是正 $\triangle P_1P_2P_3$ 及其内部的点构成的集合，点 P_0 是
$\triangle P_1P_2P_3$ 的中心．若集合 $S=\{P|P\in D,|PP_0|\leqslant|PP_i|,i=1,2,3,\cdots\}$，
则集合 S 表示的平面区域是什么形状的图形？

分析：集合 S 的元素是点 P，它的几何特征是在集合 D 内，到
正 $\triangle P_1P_2P_3$ 中心 P_0 的距离小于或等于到正 $\triangle P_1P_2P_3$ 顶点的距离．

我们首先研究满足 $|PP_0|\leqslant|PP_1|$ 的点 P：满足 $|PP_0|=|PP_1|$ 的点
P 是平面内的动点，因此它有轨迹，即线段 P_1P_0 的垂直平分线 l_1，它把平面
分成了两部分，右上区域内的点 P 都满足 $|PP_0|<|PP_1|$，因此在集合 D 内的
区域就是正 $\triangle P_1P_2P_3$ 在直线 l_1 右侧的部分，如图 1、图 2 所示；

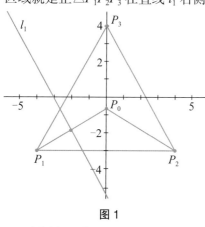

图 1

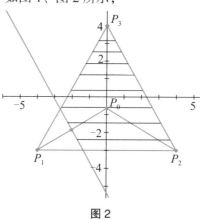

图 2

同样，满足 $|PP_0|=|PP_2|$ 的点 P 是线段 P_2P_0 的垂直平
分线 l_2，它把平面分成了两部分，左上区域内的点 P 都满足
$|PP_0|<|PP_2|$，因此在集合 D 内的区域就是正 $\triangle P_1P_2P_3$ 在直线 l_2
左侧的部分，如图 3、图 4 所示；

满足 $|PP_0|=|PP_3|$ 的点 P 是线段 P_3P_0 的垂直平分线 l_3，它
把平面分成了上下两部分，直线下方区域内的点 P 都满足
$|PP_0|<|PP_3|$，因此在集合 D 内的区域就是正 $\triangle P_1P_2P_3$ 在直线 l_3
下方区域内的部分．由此可知，集合 S 表示的平面区域是图 5
所示的正六边形区域．

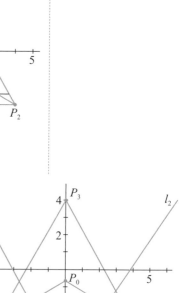

图 3

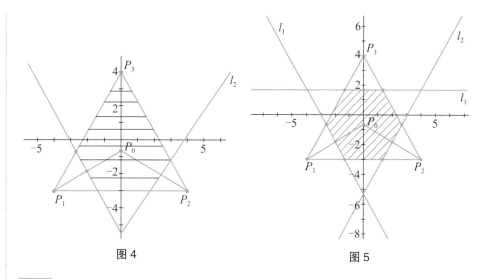

图 4   图 5

例 2　若直线 $l: ax+y+2=0$ 与连接点 $A(-2, 3)$ 和点 $B(3, 2)$ 的线段有公共点，问 a 的取值范围是多少？

分析：点 $A(-2, 3)$ 和点 $B(3, 2)$ 与直线 l 之间的位置关系是什么样的呢？

从几何特征来看，点 $A(-2, 3)$ 和点 $B(3, 2)$ 分别在直线 l 所划分的平面区域的两侧或落在直线 l 上。两个点与直线 l 的几何位置关系确定了，代数化的方法也就找到了。即将点 $A(-2, 3)$ 和点 $B(3, 2)$ 的坐标带入到 $l: ax+y+2=0$ 的左侧式子，得到的两个数值异号或其中一个值为 0，代数化的形式为这两个值的乘积小于或等于零。即 $(-2a+3+2) \cdot (3a+2+2) \leqslant 0$，由此解得：$a \leqslant -\dfrac{4}{3}$ 或 $a \geqslant \dfrac{5}{2}$，故 a 的取值范围是 $\left(-\infty, -\dfrac{4}{3}\right] \cup \left[\dfrac{5}{2}, +\infty\right)$。

敲黑板

从这个问题解决的思维过程，我们又一次体会到，确定几何元素之间的位置关系是进行代数化前首先要做的工作，也是思考问题的切入点。

例 3　设关于 x，y 的不等式组 $\begin{cases} 2x-y+1>0 \\ x+m<0 \\ y-m>0 \end{cases}$ 表示的平面区域内存在点

$P(x_0, y_0)$，满足 $x_0 - 2y_0 = 2$，则 m 的取值范围是多少？

分析：关于 x，y 的不等式组 $\begin{cases} 2x-y+1>0 \\ x+m<0 \\ y-m>0 \end{cases}$ 表示的平面区域具有什么样

的特征呢？

我们在动手画出这个区域之前，可以想象一下这个区域的样子：$2x-y+1>0$ 对应的区域是直线 $2x-y+1=0$ 的右下方；$x+m<0$ 对应的区域是直线 $x+m=0$ 的左侧区域；而 $y-m>0$ 对应的区域是直线 $y-m=0$ 的上方.

不等式组所表示的平面区域是一个不确定的直角三角形的内部，区域变化的原因在于直角顶点 $M(-m,m)$ 是动点，我们甚至可以分析出动点 $M(-m,m)$ 运动的轨迹，即在直线 $x+y=0$ 上且在直线 $2x-y+1=0$ 的右下方.

因而题目中的条件"平面区域内存在点 $P(x_0,y_0)$，满足 $x_0-2y_0=2$"，从几何的角度理解就是直线 $x-2y=2$ 穿过不等式组所表示的区域.

为了满足这个几何特征，就要明确动点 $M(-m,m)$ 与直线 $x-2y=2$ 的位置关系. 显然，动点 $M(-m,m)$ 在直线 $x-2y=2$ 的右下方即可. 位置关系一旦确定，就可以进行相对应的代数化了，即将 $M(-m,m)$ 的坐标代入到方程 $x-2y-2=0$ 的左端，得 $-m-2m-2>0$，从而得出 $m<-\dfrac{2}{3}$，因此 m 的取值范围是 $\left(-\infty,-\dfrac{2}{3}\right)$.

同学们，通过对上面 3 个例子的分析，你是不是体会到了在直角坐标系下的不同几何对象之间位置关系的研究是多么重要. 那么，我们在研究问题的过程中，是否有位置关系的意识呢？不妨自测一下：

测试题 "已知平面内有圆 $x^2+y^2=1$"，你觉得这句话里面有位置关系吗？

如果你只是看到了单位圆本身，你就没有位置关系的意识. 实际上，这里是两个几何对象：平面与圆 $x^2+y^2=1$. 如果这样理解，当然就有位置关系了. 圆 $x^2+y^2=1$ 将平面分成了三部分：圆 $x^2+y^2=1$ 的内部、圆自身及圆的外部. 这样，对应的几何对象都有相应的代数形式，即：$x^2+y^2<1$，$x^2+y^2=1$ 和 $x^2+y^2>1$.

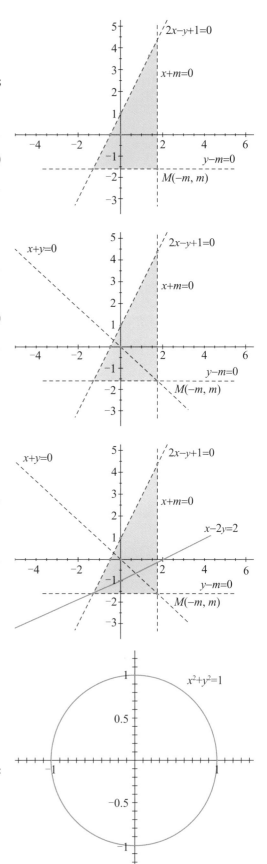

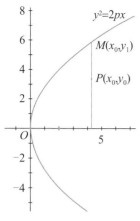

同样的道理，平面内有椭圆 $\dfrac{x^2}{a^2}+\dfrac{y^2}{b^2}=1$（$a>b>0$），我们应该理解为椭圆 $\dfrac{x^2}{a^2}+\dfrac{y^2}{b^2}=1$ 将平面分成三部分，除了椭圆自身之外，还有椭圆内与椭圆外，对应的代数形式是 $\dfrac{x^2}{a^2}+\dfrac{y^2}{b^2}<1$ 与 $\dfrac{x^2}{a^2}+\dfrac{y^2}{b^2}>1$.

平面内有抛物线 $y^2=2px$，则它将平面分为抛物线内、抛物线上及抛物线外．抛物线上的代数形式就是其方程 $y^2=2px$（$p>0$），那么抛物线 $y^2=2px$ 内如何用代数的形式刻画呢？

设点 $P(x_0,y_0)$ 是抛物线 $y^2=2px$ 内的任一点，因为抛物线的对称性，不妨设点 P 在 x 轴的上方，所以 $y_0>0$. 如图，过 P 点作 x 轴的垂线，交抛物线于点 M，则 M 点坐标为（x_0，y_1）. 因此有 $y_1>y_0>0$，即 $y_1^2>y_0^2$；由于点 M 在抛物线 $y^2=2px$ 上，所以有 $y_1^2=2px_0$，由此得 $y_0^2<2px_0$.

同理，如果点 $P(x_0,y_0)$ 是抛物线 $y^2=2px$ 外的任一点，则满足 $y_0^2>2px_0$.

小结

从以上讨论我们看到，无论是点、直线，还是圆、椭圆、抛物线、双曲线，在平面直角坐标系 xOy 内都有位置关系．在没有其他几何对象加入的时候，它们的位置关系是体现在它们各自与坐标平面的关系上，并可以用代数形式刻画出这种位置关系．

读了本节内容，你对平面直角坐标系是不是已经有更深刻的体会和感受了呢？你能够看懂平面直角坐标系了吧？

从图形思维看：

三角形内角和为什么等于 180°？

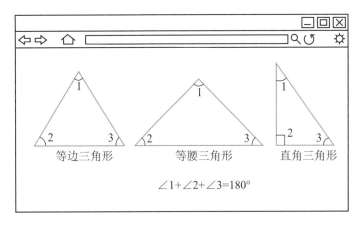

∠1+∠2+∠3=180°

等边三角形　　　等腰三角形　　　直角三角形

我们看到的三角形，可以说形状各异，丰富多彩．有等腰三角形、等边三角形，也有直角三角形、锐角三角形、钝角三角形．

在研究三角形时，我们首先注意到的可能是边的关系：相等还是不相等．同时，我们对于角也是非常关注的．在刚才我们所提到的三角形中，有的角是 60°，有的角是 90°，在同一个三角形中，不仅有 90° 角，还可能有 60° 角、30° 角．

等边三角形　　　等腰直角三角形　　　直角三角形

那么，在这些形状各异的三角形中，有没有不变的东西？这个可能是我们更关注的.

比如从角的方面，大家可能在小学的时候就已经知道了一个非常重要的结论，就是三角形的内角和等于180°.

它告诉我们，无论三角形的形状是什么样的，它的三个内角相加总是一个定值180°.

问题 1：为什么"三角形的内角和等于180°"呢？

我们可以这样来想：

在我们学过的平面几何知识中，与180°有关的几何知识有什么呢？

我们想起来了：平角 AOB 的大小是180°，平角可以理解为是一条直线 l：

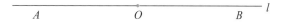

我们还记得：如果两条直线被第三条直线所截，所形成的两个角 $\angle 1$ 和 $\angle 2$ 是同旁内角，如果直线 a 和 b 是平行的，我们说同旁内角是互补的. 也就是说，$\angle 1 + \angle 2 = 180°$.

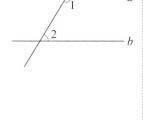

这样，三角形内角和等于180°的问题，就可以转化为两个图形之间的关系的问题：

（1）从 $\triangle ABC$ 与平角所对应的直线 l 之间的位置关系角度思考.

① 直线 l 与 $\triangle ABC$ 可能是相离的位置关系，但是此时平角的180°与 $\triangle ABC$ 的三个内角没有关系.

② 如果移动直线 l 使得它过 $\triangle ABC$ 的一个顶点 B 呢？

此时，$\angle 1 + \angle ABC + \angle 2 = 180°$，

但是，$\angle 1 \neq \angle A$，$\angle 2 \neq \angle B$，

原因是直线 l 与 AC 不平行.

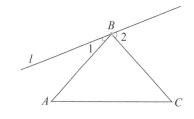

③ 现在让直线 l 绕着点 B 转动，

使得 $l /\!/ AC$.

则有 $\angle 1 = \angle A$，$\angle 2 = \angle C$，

由平角定义知道：

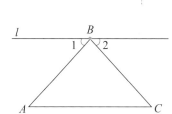

$\angle 1 + \angle ABC + \angle 2 = 180°$

所以，$\angle A + \angle ABC + \angle C = 180°$.

④如果直线 l 从 $\triangle ABC$ 的顶点 B 处开始继续平行移动，分别经过顶点 A 和顶点 C，对应的直线分别是 m 和 n.

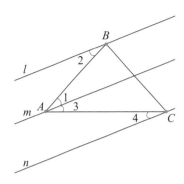

由 $l \parallel n$，同旁内角互补可知

$\angle 2 + \angle ABC + \angle ACB + \angle 4 = 180°$

因为 $l \parallel m$，所以，$\angle 1 = \angle 2$

又因为 $m \parallel n$，所以，$\angle 3 = \angle 4$.

如此，$\angle 1 + \angle ABC + \angle ACB + \angle 3 = 180°$，即 $\angle BAC + \angle ABC + \angle ACB = 180°$.

（2）能不能再换一个角度呢?

我们可以看到，两直线平行，同旁内角互补. 我们要研究的是 $\triangle ABC$ 的内角和问题. 那么，这两个图形之间你能不能首先找到联系呢?

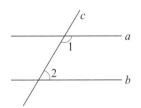 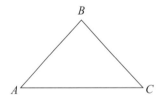

我们在学习的时候，在自己理解知识的时候，要善于找联系.

两条平行直线 a 和 b 被第三条直线 c 所截，则同旁内角互补，即 $\angle 1 + \angle 2 = 180°$.

这个 $180°$ 所对应的图形不是封闭的，如何与 $\triangle ABC$ 找到关系呢?

我们是可以找到的: 我们让平行的两条直线不平行，也就是让直线 a 顺时针旋转，大家看到了什么呢?

$\angle 1 + \angle 2 < 180°$. 那丢掉的那个角跑到哪里去了呢?

我们仍然用两直线平行的性质，你不难发现，丢掉的那个 $\angle 3$ 就是三角

形的内角 ∠4 了．因为两直线不平行，就必然相交，刚才同旁内角减少的那部分所对应的 ∠3 恰好是 ∠4 的内错角，它们是相等的．这样我们就可以解释了，三角形的三个内角的和的确是等于 180° 了．

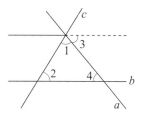 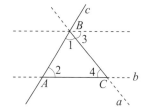

（3）如果我们从 △ABC 去看"两条平行直线 a 和 b 被第三条直线 c 所截"所对应的图形呢？

在 △ABC 中，∠A 与 ∠B 是同旁内角，但是 ∠A+∠B≠180°，因为 BC 与 AC 是相交直线；为此，可以将边 BC 逆时针旋转，直到 BD//AC，这个时候的 ∠A 与 ∠ABD 是同旁内角，且 ∠A+∠ABD=180°．

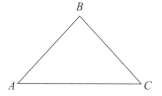 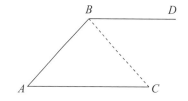

当然，这是我们的分析，不是证明．但是这种分析给了我们一种思考问题的方法．我们怎么想问题呢？刚才的讨论就告诉我们，可以从图形之间的关系想数量之间的联系．

现在，如果我手里就是一个三角形 ABC．我们还能不能继续思考：三角形的内角和为什么等于 180°？

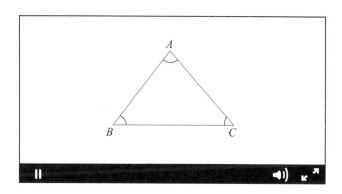

那我们就得变化了，比如说，让顶点 C 在线段 BC 上移动，大家想象一下，C 点在向右移动的过程中，你看一看这个三角形有什么变化呢？

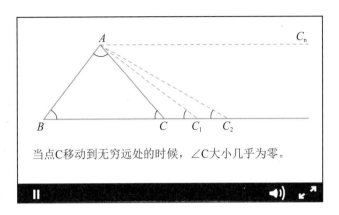

当点C移动到无穷远处的时候，∠C大小几乎为零。

AB 边没有变化，$\angle B$ 的大小没有变化，但是 AC 边、BC 边都发生了变化，随着点 C 向右移动，变得越来越长了．那么 $\angle C$ 是怎样变化的呢？

我们看到 $\angle C$ 变得越来越小．如果把 C 点移动到无穷远处，这个时候是一个什么样的结果呢？

这个时候，直线 AC 与 BC 又怎么样了呢？它们是什么位置关系了呢？肯定是相交，但由于交点在无穷远处，我们可以认为它们几乎是平行关系．所以 C 点从我们看到的位置移动到无穷远处的过程，其实就是我们在运用运动变化的思维在理解问题．这个时候我们就可以得到一个结论、一个猜想：原来的一个三角形的三个角的和，在 C 点移动到无穷远处的时候，几乎也就是 $\angle A + \angle B$ 了．那么，$\angle A + \angle B$ 这两个角对应的位置是什么呢？前文已经提到，直线 AC 与直线 BC 几乎是平行的，所以在这样的一个前提下，$\angle A$ 与 $\angle B$ 这两个角就是我们所说的，两条直线被第三条直线所截的同旁内角了，所以这两个角相加等于 $180°$．

但是，这里面还有一个问题需要我们去思考：

问题2：当 C 点变化的时候，$\triangle ABC$ 的形状是发生变化的，变化中的 $\angle A + \angle B + \angle C$ 的值是一个不变的数值吗？

实际上，我们可以作 AC 边的平行线 l，与 AB 边交于点 D，与 BC 边交于点 E；随着直线 l 的平行移动，$\triangle BDE$ 的形状是发生变化的．根据两直线

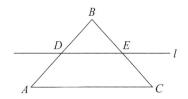

平行，同位角相等可知，$\angle BDE = \angle A$，$\angle BED = \angle C$，这样，无论 $\triangle BDE$ 的形状如何变化，$\angle A + \angle B + \angle C$ 总是等于 $\angle BDE + \angle B + \angle BED$ 的，这就说明，改变三角形的形状不会改变三角形的内角和，换句话说，任意的三角形的内角和是同一个值．

老师说

通过上述这种运动变化的角度来分析认识我们所熟知的结论，是数学里常用的思考问题的方法．

同学们也可以借助这种思维，去想一想，四边形、五边形，一直到 n 边形，它们的内角和等于多少？

关于两个函数关系的思考：

"左加右减"背后的道理是什么？

在函数学习中，我们都知道一个耳熟能详的结论："左加右减"．这个结论朗朗上口，很快就能记住，而且在解决有关函数图像关系问题的时候非常好用．

那么，什么是"左加右减"呢？

这个结论是关于两个函数图像之间的关系的，它告诉我们函数 $f(x)$ 与函数 $f(x+a)$、$f(x-a)$ 图像之间的一种平移关系．下面我们就以 $a>0$ 为例，解释一下"左加右减"的含义：

"左加"说的是函数 $f(x+a)$，这个函数的表达形式与函数 $f(x)$ 相比，括号里面是 $x+a$，这就是"加"的由来；由于最后的结果是函数 $f(x+a)$ 的图像是将函数 $f(x)$ 的图像向 x 轴的负方向，也就是我们的左边移动了 a 个单位得到的，这就是"左"的由来，合在一起就记为"左加"．同样，函数

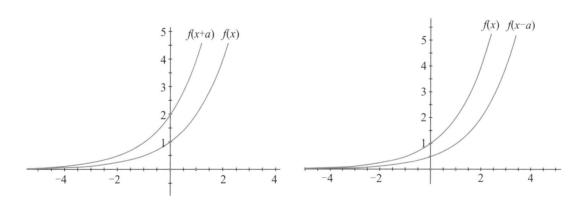

$f(x-a)$ 的图像是将函数 $f(x)$ 的图像向 x 轴的正方向，也就是我们的右边移动了 a 个单位，简称"右减". 二者统称"左加右减".

老师说

"左加右减"是从函数的表达形式上对图像关系的一种概括，是一种便于记忆的结论. 根据这个结论，如果我们知道函数 $f(x)$ 的性质，就可以借助函数图像的关系得到函数 $f(x+a)$ 或函数 $f(x-a)$ 的性质.

但是，"左加右减"的"口诀"与函数的思维方法是一回事吗？

问题 1：函数 $f(x)$ 与函数 $f(x+a)$、$f(x-a)$ 是什么关系？

实际上，函数 $f(x)$ 与函数 $f(x+a)$ 关系的本质是自变量与因变量之间的关系，图像之间的关系是这两个函数代数关系的直观表达. 那么，这两个函数的代数关系如何分析呢？

我们首先要明确，谁是函数的自变量？

函数 $f(x)$ 以 x 作为自变量，函数 $f(x+a)$ 的自变量也是 x.

为了分析这两个函数之间的关系，我们可以让因变量也就是函数值相等，关注此时两个函数对应的自变量是一种什么关系.

这样，我们就不难发现：当函数 $f(x)$ 的自变量取值 x 的时候，函数 $f(x+a)$ 的自变量只需要取 $x-a$，对应的两个函数值就相等，这就是函数 $f(x)$ 与 $f(x+a)$ 关系的本质. 用语言来表述出来就是数学的思维. 反映在函数的图像上，自变量 $x-a$ 对应的是点 $(x-a,0)$ 的横坐标，自变量 x 对应的是点 $(x,0)$ 的横坐标，点 $(x-a,0)$ 在点 $(x,0)$ 的左边 a 个单位. 因此，函数 $f(x+a)$ 的图像就在函数 $f(x)$ 图像左边的 a 个单位了.

同样，当函数 $f(x)$ 的自变量取值 x 的时候，函数 $f(x-a)$ 的自变量只需要取 $x+a$，两个函数对应的值就相等，这就是函数 $f(x)$ 与 $f(x-a)$ 关系的本质. 反映在

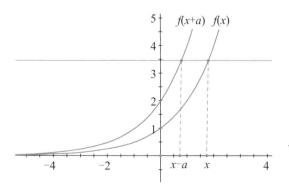

函数的图像上，自变量 $x+a$ 对应的是点（$x+a$，0）
的横坐标，自变量 x 对应的是点（x，0）的横坐标，
点（$x+a$，0）在点（x，0）的右边 a 个单位．因此，
函数 $f(x-a)$ 的图像就在函数 $f(x)$ 图像右边的 a
个单位了．

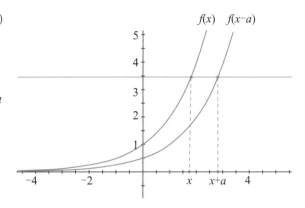

敲黑板

如果我们只是满足于知道"左加右减"这个结论，满足于一般性的
应用，那么学到的数学知识就很浅薄，数学知识背后丰富的数学思维就
没有学到，学习数学知识的价值也就得不到体现．如果我们在学习知识
的同时，探寻数学知识本质，你会发现很多结论的"源"是一样的．当
你的学习进入到寻本溯源的状态时，你的数学思维就会越来越清晰有逻
辑，你也更会领悟到学习的乐趣、学习的价值．

如果我问：函数 $y=2^x$ 和 $y=\dfrac{1}{2^x}$ 的关系是怎样的呢？你如何回答呢？

你如果只是回答"这两个函数的图像关于 y 轴对称"，这样的回答还远
远不够．因为这两个函数的图像关系还不是它们本质的代数关系．

我们可以就这两个函数取一些比较特殊的自变量的值，

如当 x 分别取 -3 和 3 时，函数 $y=2^x$ 和 $y=\dfrac{1}{2^x}$ 对应的函数值都等于 $\dfrac{1}{8}$；

当 x 分别取 -2 和 2 时，函数 $y=2^x$ 和 $y=\dfrac{1}{2^x}$ 对应的函数

值都等于 $\dfrac{1}{4}$……

如果函数 $y=2^x$ 的自变量取 x，则函数 $y=\dfrac{1}{2^x}$ 的自变量只

需要取 $-x$，则它们的函数值都是相等的．也就是这两个函数
的自变量取互为相反数的值的时候，对应的两个函数值相等．
这是两个函数之间的代数关系，也就是它们本质的关系．

它们之间的图像关系源于代数关系：互为相反数的两个

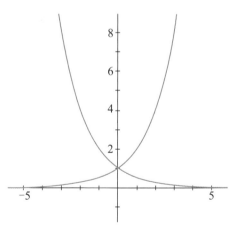

自变量的几何含义是以 0 为中点的两个点的横坐标对应的两个自变量，其函数值相等也就是对应的两个点的纵坐标相等．因此，这两个函数的图像关于 y 轴对称．

同样，函数 $y=f(x)$ 与函数 $y=f(-x)$ 的关系，你是不是也能够"想明白、说清楚"了呢？

由于函数 $y=f(x)$ 与函数 $y=f(-x)$ 具有相同的对应法则，就意味着它们之间是有关系的．函数 $y=f(x)$ 的自变量是 x，函数 $y=f(-x)$ 是以谁为自变量呢？仍然是 x．当第二个函数的自变量取第一个函数自变量 x 的相反数的时候，两个函数取相等的函数值．

反映在图像上，由于 $(x, f(x))$ 和 $(-x, f(x))$ 这样的关于直线 $x=0$ 对称的两个点总是分别在这两个函数的图像上，因此，这两个函数图像关于直线 $x=0$ 对称，也就是关于 y 轴对称．

问题 2：函数 $y=f(a+x)$ 与 $y=f(a-x)$ 的关系是怎样的呢？

对于这个问题，你如果不假思索就回答的话，很可能会说函数 $y=f(a+x)$ 与 $y=f(a-x)$ 的图像关于直线 $x=a$ 对称．但这是一个错误的回答，原因就是没有先从这两个函数的代数关系上去分析，而是直接从函数解析式的形式上去做出判断，是比较随意、没有逻辑的回答，这就为犯错误埋下了伏笔．

实际上，因为函数 $y=f(a+x)$ 的自变量为 x，函数 $y=f(a-x)$ 的自变量也为 x，当 $y=f(a-x)$ 的自变量取函数 $y=f(a+x)$ 的自变量 x 的相反数 $-x$ 的时候，这两个函数的值相等，都为 $f(a+x)$．这就是这两个函数的本质的代数关系．

此时也就可以得到两个函数在图像上的关系了，即：函数 $y=f(a+x)$ 与 $y=f(a-x)$ 的图像关于 y 轴（也就是 $x=0$）对称．

辨 析 如果函数 $y=f(x)$ 满足 $f(a+x)=f(a-x)$，那么函数 $y=f(x)$ 的性质是什么呢？

这个问题是关于一个函数的，与前面的问题是不同的．对于函数 $y=f(x)$ 所满足的 $f(a+x)=f(a-x)$ 是用函数符号语言所表达的性质，它的含义是：函数 $y=f(x)$ 取自变量 $a+x$、

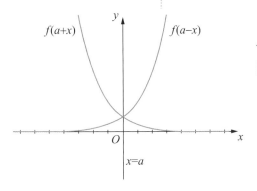

$a-x$ 这两个和为 $2a$ 的两个自变量的时候，对应函数值相等；由于自变量 $a+x$、$a-x$ 对应的是以 a 为中点的两个点的横坐标，纵坐标相等，因此，函数 $y=f(x)$ 的图像关于直线 $x=a$ 对称.

> 问题 3：函数 $y=f(x-1)$ 和函数 $y=f(1-x)$ 之间是什么关系呢？

我们仍然从两个函数自变量的关系进行分析.

这两个函数都是以 x 为自变量的. 当函数 $y=f(x-1)$ 的自变量取 x 时，函数 $y=f(1-x)$ 的自变量只要取前面函数自变量 x 的相反数加 2，也就是 $2-x$，这两个函数就取到相等的函数值；而这两个自变量 x、$2-x$ 的代数特征是和为 2. 因此，这两个函数的关系就可以表述为：当自变量取和为 2 的两个值的时候，对应的函数值相等.

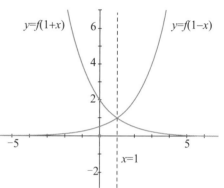

因此，这两个函数的几何特征是：在 x 轴上以 1 为中点的两个横坐标，其对应的纵坐标相等，故函数 $y=f(x-1)$ 和函数 $y=f(1-x)$ 的图像关于直线 $x=1$ 对称.

知识卡片

一般地，函数 $y=\sin \omega x$ $(x\in\mathbf{R})$（其中 $\omega>0$ 且 $\omega\neq 1$）的图像，可以看作是把 $y=\sin x$ $(x\in\mathbf{R})$ 上所有点的横坐标缩短（当 $\omega>1$ 时）或伸长（当 $0<\omega<1$ 时）到原来的 $\dfrac{1}{\omega}$ 倍（纵坐标不变）而得到的.

辨 析 函数 $y=\sin x$、$y=\sin 2x$ 和 $y=\sin \dfrac{x}{2}$ 的图像之间是什么关系呢？

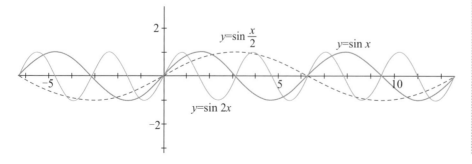

如图，这是在同一个坐标系下函数 $y=\sin x$、$y=\sin 2x$ 和 $y=\sin\dfrac{x}{2}$ 的图像，从图像中我们可以读出这 3 个函数之间的关系：

函数 $y=\sin 2x$ 的图像，可以看作是把 $y=\sin x$ 图像上的所有点的横坐标缩短到原来的 $\dfrac{1}{2}$（纵坐标不变）而得到的；

函数 $y=\sin\dfrac{x}{2}$ 的图像，可以看作是把 $y=\sin x$ 图像上的所有点的横坐标伸长到原来的 2 倍（纵坐标不变）而得到的.

实际上，函数 $y=\sin x$ 与 $y=\sin 2x$ 的自变量都是 x，当函数 $y=\sin x$ 的自变量取 x 的时候，函数 $y=\sin 2x$ 的自变量只要取 $\dfrac{x}{2}$，即 $y=\sin x$ 自变量 x 的一半的时候，其对应的函数值与函数 $y=\sin x$ 的值相等，这就是将函数 $y=\sin x$ 的图像朝 y 轴压缩一半得到 $y=\sin 2x$ 图像的根本原因.

同理，当函数 $y=\sin x$ 的自变量取 x 的时候，函数 $y=\sin\dfrac{x}{2}$ 的自变量只要取 $2x$，即 $y=\sin x$ 自变量 x 的 2 倍的时候，其对应的函数值与函数 $y=\sin x$ 的值相等，这就是将函数 $y=\sin x$ 的图像拉伸 2 倍得到 $y=\sin\dfrac{x}{2}$ 图像的根本原因.

例 题 若函数 $y=g(x)$ 与 $f(x)=\sqrt{3}\sin\left(\dfrac{\pi}{4}x-\dfrac{\pi}{3}\right)$ 的图像关于直线 $x=1$ 对称，求当 $x\in\left[0,\dfrac{4}{3}\right]$ 时，$y=g(x)$ 的最大值.

分析：解决本题的关键是如何理解两个函数的图像之间所具有的"关于直线 $x=1$ 对称"的几何特征.

一种理解是从两个函数的代数特征入手：

根据函数 $y=g(x)$ 与 $f(x)=\sqrt{3}\sin\left(\dfrac{\pi}{4}x-\dfrac{\pi}{3}\right)$ 的图像关于直线 $x=1$ 对称可知，当函数 $y=g(x)$ 的自变量取 x 时，函数 $y=f(x)$ 的自变量只要取 $2-x$，其对应的两个函数值就相等，也就是 $g(x)=f(2-x)$，这样也就可以求出函数 $y=g(x)$ 的解析式，从而求出当 $x\in\left[0,\dfrac{4}{3}\right]$ 时 $y=g(x)$ 的最大值.

我们还可以从两个函数的几何特征入手：

因为函数 $y=g(x)$ 与 $f(x)=\sqrt{3}\sin\left(\dfrac{\pi}{4}x-\dfrac{\pi}{3}\right)$ 的图像关于直线 $x=1$ 对称，

所以求当 $x \in \left[0, \dfrac{4}{3}\right]$ 时，$y = g(x)$ 的最大值也就是求 $\left[0, \dfrac{4}{3}\right]$ 关于 $x = 1$ 的对称区间内也就是 $x \in \left[\dfrac{2}{3}, 2\right]$ 的时候，函数 $f(x) = \sqrt{3}\sin\left(\dfrac{\pi}{4}x - \dfrac{\pi}{3}\right)$ 的最大值问题，从而使问题得解．

老师说

两种方法的区别与联系：代数的思维是从两个函数的自变量与因变量的关系去分析，几何的思维是从两个函数的图像沿着直线 $x = 1$ 对折重合找到解题思路．但思维活动都聚焦到如何运用条件——两个函数的图像之间所具有的"关于直线 $x = 1$ 对称"的性质上．

小 结

以上，从我们熟记的关于两个函数图像之间的结论"左加右减"进行本质的分析，到研究两个函数的关系，我们体会到对于两个函数的研究，首先要关注这两个函数是以谁为自变量的，当它们的自变量具有什么关系的时候，对应的函数值能够相等；在此基础上分析两个函数图像之间的关系，这种关系是两个函数本质关系的直观反映．

如何刻画函数性质：

符号语言与图像特征背后的数学思维是什么？

我们在学习函数的时候，经常在课本或学习资料中甚至是在考试的试卷上，看到用数学符号语言所表达的函数性质，有的时候还能看到用函数的图像特征所表达的函数性质．那么，抽象的数学符号语言与直观的函数图像特征之间是什么关系呢？能从数学的符号语言就直接表达出函数的图像特征吗？反之，能由函数的图像特征直接写出对应的数学符号语言吗？数学的符号语言到函数的图像特征之间是什么呢？

下面我们就通过不断地思考问题，揭开符号语言与图像特征之间的神秘面纱．

问题 1："函数 $y = f(x)$ 是奇函数"的含义是什么呢？

一种回答是：奇函数的图像关于原点对称；

还有一种回答是：$f(-x) = -f(x)$.

可以说，这两种回答都不是对奇函数这个概念本质的回答．无论是奇函数的图像特征还是表达奇函数的符号语言都是结论，都没有表达出奇函数的本质，也就是没有表达出奇函数的符号语言与图像特征之间的内在逻辑关系．

知识卡片：奇函数

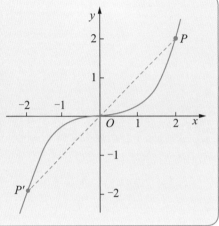

设函数 $y=f(x)$ 的定义域为 D，如果对 D 内的任意一个 x，都有 $-x \in D$，且 $f(-x)=-f(x)$，

则这个函数叫做奇函数.

实际上，函数 $y=f(x)$ 是奇函数的本质是用数学的符号语言 $f(x)+f(-x)=0$ 表达的代数特征，是函数的自变量与因变量的关系. 即：函数 $y=f(x)$ 取了两个自变量的值是 x 和 $-x$，这是和为 0 的两个自变量，对应的函数值是 $f(x)$ 与 $f(-x)$，它们的和也为 0.

老师说

数学的符号语言不是你的思维方式，只有理解了数学的符号语言，能够用数学的符号语言所表达的自变量与因变量的关系去思考函数问题，这才说明你开始进行数学思维活动了.

为什么奇函数 $y=f(x)$ 的图像是关于原点对称呢？

这个图像特征决定于奇函数 $y=f(x)$ 满足的 $f(x)+f(-x)=0$ 这个符号语言所体现出来的代数特征：在平面直角坐标系中，点 $(x,f(x))$ 和点 $(-x,f(-x))$ 同时在函数 $y=f(x)$ 的图像上. 这是什么样的两个点呢？横坐标 x、$-x$ 关于 0 为中点坐标，纵坐标 $f(x)$、$-f(x)$ 关于 0 为中点坐标，这就是奇函数 $y=f(x)$ 的图像关于原点（0，0）为中心对称的原因.

可以看出，对于奇函数概念的认识有 3 个层次：

①代数特征的理解：函数 $y=f(x)$ 的自变量 x 的变化体现在取两个和为 0 的值，也就是互为相反数的两个自变量，其对应的函数值也是和为 0，即互

为相反数．代数特征不用直接写出来，是通过数学的符号语言或图像特征表达的．

②数学符号语言的表达：对于和为 0 的两个自变量，一般表示为 x、$-x$，但是只要是满足和为 0，任何一种表达的形式都是可以的，如一个自变量为 $1-x$，那么另外一个自变量就是 $x-1$；对应的函数值都是和为 0，即 $f(x)+f(-x)=0$ 或 $f(1-x)+f(x-1)=0$. 数学的符号语言是在数学问题的表达中最为常见的，奇函数的定义也是借助符号语言来演绎的，但需要注意的是符号语言是抽象的，其内在的数学含义需要理解．

③图像特征的认识：这里就要从自变量的几何特征和因变量的几何特征去理解．和为 0 的两个自变量的几何含义是，在 x 轴上以 0 为中点的两个横坐标所对应的动点；在直角坐标系中，对应的两个函数值就是两个动点的纵坐标，由于它们的和为 0，所以，其几何含义为以 0 为中点的两个纵坐标．反过来，如果已知函数 $f(x)$ 的图像关于坐标原点（0，0）中心对称，则由对称中心的横坐标 0、纵坐标 0，知道函数的图像上一定有以 0 为中点的两个横坐标对应的点，这两个点的纵坐标也是以 0 为中点的．因此，可知函数 $f(x)$ 有两个自变量和为 0，且对应的因变量的和也为 0.

这三者之间的逻辑关系可以用下面的图来表示：

敲黑板

结构图表明：从表达函数性质的符号语言到对应函数的图像特征，是要经历其代数特征的；反之，由函数图像的图像特征到符号语言，也是要经历其代数特征的；这个代数特征就是函数的自变量与因变量的关系，忽视这个关系的思维过程，则符号语言与图像特征之间的转化都是没有逻辑的，是凭记忆或经验得到的．

问题2： 如果 $y=f(2x-1)$ 是奇函数，你如何用符号语言表达呢？

首先，你要理解函数 $y=f(2x-1)$ 是怎么回事？它以谁为自变量呢？

这是一个复合函数，里层函数是一次函数 $g(x)=2x-1$，外层函数是抽象函数 $f(x)$；随着 x 的变化，$g(x)=2x-1$ 发生变化，进而 $y=f(2x-1)$ 发生变化．因此，我们说 $y=f(2x-1)$ 是以 x 作为自变量的．

那么，按着奇函数的概念去思考，应该是 $y=f(2x-1)$ 的自变量取了和为 0 的两个值，如 x 和 $-x$，对应的函数值为 $f(2x-1)$、$f(-2x-1)$ 其和为 0，即 $f(2x-1)+f(-2x-1)=0$．

敲黑板

关于函数的思维活动有一个前提：对于所要研究的任何一个函数，首先要关注谁是这个函数的自变量．

如果这一点不清楚，有关函数性质的研究就是空中楼阁．例如，对于函数 $y=f(2x-1)$，有些同学会误认为括号里面的 $2x-1$ 是自变量，那么，$y=f(2x-1)$ 是奇函数的数学表达式就有可能会错误地写成 $f(2x-1)+f(-2x+1)=0$ 而茫然不知．因此，所谓的概念清楚是要能够掌握思考问题的方法，理解数学概念的本质，而不是仅仅记住外在的、形式化的东西．

问题3： 如果函数 $y=f(x)$ 满足 $f(a+x)+f(a-x)=2b$，那么如何理解这个等式所表达出来的函数 $y=f(x)$ 的性质呢？

实际上，函数 $y=f(x)$ 满足 $f(a+x)+f(a-x)=2b$ 的代数特征是：$a+x$、$a-x$ 是函数 $y=f(x)$ 的自变量 x 取的两个和为 $2a$ 的自变量的值，其对应的函数值的和为 $2b$．

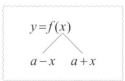

从以上代数特征的分析，我们也就可以转化为这个函数的图像特征了，即：函数 $y=f(x)$ 有两个以 a 为中点的横坐标，其对应的纵坐标以 b 为中点．

也就是这个函数图像上总有这样的两个点 $(a+x, f(a+x))$、$(a-x, f(a-x))$，其中这两个点的横坐标是以 a 为中点坐标，它们的纵坐标以 b 为中点坐标．因此，函数 $y=f(x)$ 的图像关于点（a，b）成中心对称．

问题 4：如果函数 $y=f(2x-1)$ 的图像关于点 $\left(\dfrac{1}{2}, -1\right)$ 为中心对称，请你写出对应的数学符号语言．

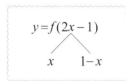

分析：因为函数 $y=f(2x-1)$ 的图像特征是关于点 $\left(\dfrac{1}{2}, -1\right)$ 为中心对称，由此我们就能够读出其对应的代数特征：函数 $y=f(2x-1)$ 的自变量 x 取和为 1 的两个值，其对应函数值的和为 -2．和为 1 的两个自变量分别用 x 和 $1-x$ 表示，可以写出相应的符号语言：

$$f(2x-1) + f[2(1-x)-1] = -2，$$
$$即 f(2x-1) + f(1-2x) = -2．$$

问题 5："函数 $y=f(x)$ 是偶函数"的含义是什么呢？

知识卡片：偶函数

设函数 $y=g(x)$ 的定义域为 D，如果对 D 内的任意一个 x，都有 $-x \in D$，且

$$g(-x) = g(x)$$

则这个函数叫做偶函数．

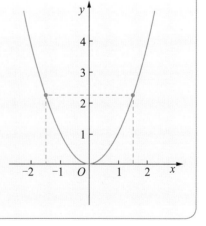

如果函数 $y=f(x)$ 是偶函数，其数学符号语言所表达的代数特征是：函数

$y=f(x)$ 的自变量 x 分别取互为相反数的两个值 x 与 $-x$ 时，其对应的函数值 $f(x)$、$f(-x)$ 相等，这就是 $y=f(x)$ 是偶函数的最本质的特征．

从图像特征分析，$f(x)=f(-x)$ 的几何含义是：在 $y=f(x)$ 的图像上，总有 $(x,f(x))$ 和 $(-x,f(-x))$ 这样的两个点，它们的横坐标以 0 为中点坐标时，其对应的纵坐标总是相等．因此，偶函数 $y=f(x)$ 的图像关于直线 $x=0$ 对称，也就是关于 y 轴对称．

我们还可以把问题进一步地延展：

问题 6：如果函数 $y=f(x)$ 满足 $f(a+x)=f(a-x)$，如何理解这个函数的性质呢？

分析：首先要能够表达出这个符号语言所体现出的函数的代数特征．$f(a+x)=f(a-x)$ 表明：$a+x$、$a-x$ 是函数 $y=f(x)$ 的自变量 x 取的两个值，这两个自变量的和为 $2a$，对应的函数值 $f(a+x)$ 与 $f(a-x)$ 相等；

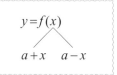

根据函数 $y=f(x)$ 的代数特征，我们就知道 $f(a+x)=f(a-x)$ 所表达出的函数 $y=f(x)$ 的图像特征是：函数 $y=f(x)$ 图像上总是有这样的两个点，横坐标以 a 为中点坐标，对应的纵坐标相等．因此，函数 $y=f(x)$ 图像关于直线 $x=a$ 对称．同样，如果函数 $y=f(x)$ 满足 $f(1-x)=f(x-1)$，其代数特征是函数 $y=f(x)$ 的自变量 x 取和为 0 的两个值，分别为 $1-x$、$x-1$，它们对应的函数值相等；其图像特征是关于 y 轴对称．

除了像前面那样能够读懂用数学的符号语言所表达出的函数的代数特征和图像特征，还要有能力把用自然语言所描述的函数的图像特征用数学的符号语言表达出来．

问题 7：函数 $y=f(x)$ 的图像关于点（1，1）为中心对称，如何用数学的符号语言表示？

在回答这个问题的时候，也要先从其代数特征去思考，即：所谓的函数 $y=f(x)$ 的图像以点（1，1）为中心对称就是这个函数的自变量取了和为 2 的两个值，对应的函数值的和也为 2.

在此基础上，如果将两个函数的自变量表示为 x 和 $2-x$，则对应的符号语言就是 $f(x)+f(2-x)=2$；如果将两个函数的自变量表示为 $1+x$ 和 $1-x$，则对应的符号语言就是 $f(1+x)+f(1-x)=2$.

同样，如果函数 $y=f(x)$ 的图像关于直线 $x=1$ 对称，那么其代数特征是什么呢？

先看几何上的特征，函数 $y=f(x)$ 的图像沿着直线 $x=1$ 对折重合，反映在函数上，就是 $y=f(x)$ 的自变量取和为 2 的两个值的时候函数值相等. 因此，其数学表达式是 $f(1+x)=f(1-x)$.

如果函数 $y=f(2x-1)$ 的图像关于直线 $x=1$ 对称，其代数特征又是什么？

这个函数的几何特征仍然是函数的图像沿着直线 $x=1$ 对折重合，由于函数 $y=f(2x-1)$ 的自变量是 x，所以当它取 x 和 $2-x$ 的时候函数值相等，故其数学表达式是 $f(2x-1)=f[2(2-x)-1]$，即 $f(2x-1)=f(3-2x)$.

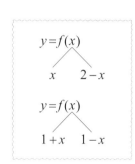

例题 1　已知函数 $y=f(2x+1)$ 是定义在 R 上的奇函数，函数 $y=g(x)$ 的图像与函数 $y=f(x)$ 的图像关于直线 $y=x$ 对称，求 $g(x)+g(-x)$ 的值.

这个问题看似是计算求值，但本质上它是以数学符号语言和描述性语言为思维活动的载体进行函数思维训练的问题.

分析：从问题的目标看，为了求出 $g(x)+g(-x)$ 的值，就需要了解函数 $y=g(x)$ 的性质；由于函数 $y=g(x)$ 的图像与函数 $y=f(x)$ 的图像有关于直线 $y=x$ 对称这层关系，也就决定了必须知道函数 $y=f(x)$ 的性质；而函数 $y=f(x)$ 的性质就决定于条件"函数 $y=f(2x+1)$ 是定义在 **R** 上的奇函数".

在上述分析的基础上，解决问题的思维过程如下：

函数 $y=f(2x+1)$ 是定义在 **R** 上的奇函数，也就是 $y=f(2x+1)$ 的自变量取和为 0 的两个自变量的值的时候，对应的函数值相反，所以 $f(2x+1)+f(-2x+1)=0$；把这个等式看成是函数 $y=f(x)$ 所满足的条件，可知函数 $y=f(x)$ 的自变量取 $2x+1$ 与 $-2x+1$ 这两个和为 2 的值，对应的函数值和为 0；其图像特征是以点（1，0）为中心对称图形. 由于函数 $y=g(x)$ 的图像与函数 $y=f(x)$ 的图像关于直线 $y=x$ 对称，得函数 $y=g(x)$ 的图像以点（0，1）为中心对称图形，对应的代数特征是 $y=g(x)$ 取互为相反数的两个自变量时，对应的函数值的和为 2. 这一特征用数学的符号语言表示，即为 $g(x)+g(-x)=2$.

问题8：如何理解"函数 $f(x)=(1-x^2)(x^2+ax+b)$ 的图像关于直线 $x=-2$ 对称"？

分析：函数 $f(x)$ 的代数性质没有直接给出，而是通过函数图像的几何特征体现出来的．故由"函数 $f(x)$ 的图像关于直线 $x=-2$ 对称"知道，这个函数的自变量取和为 -4 的两个值时，其对应的函数值相等．根据函数的解析式 $f(x)=(1-x^2)(x^2+ax+b)$ 可知，函数 $f(x)$ 的零点为 $x=1$ 或 $x=-1$，此时函数值都为 0，但显然，两个自变量 1 和 -1 的和并不是 -4，因此，函数 $f(x)$ 还有两个零点：一个是与 1 和为 -4 的 -5，一个是与 -1 和为 -4 的 -3，也就是说函数 $f(x)$ 还有两个零点 $x=-3$ 或 $x=-5$；因此，$x^2+ax+b=0$ 有两个根 $x=-3$ 或 $x=-5$，根据根与系数的关系，$a=8$，$b=15$，从而也就确定了函数 $f(x)$．

例题 2 已知函数 $f(x)$ 的定义域为 **R**，$g(x)=\left[f(x)-f(-x)\right]\cdot(x^2+ax-a)$．若存在函数 $f(x)$，使得函数 $g(x)$ 有且只有两个不同的零点，则实数 a 的取值范围是多少？

分析：函数 $g(x)=\left[f(x)-f(-x)\right]\cdot(x^2+ax-a)$ 整体的性质无法知道，可以分两个函数去研究：设 $h(x)=f(x)-f(-x)$，$t(x)=x^2+ax-a$．

先看函数 $h(x)=f(x)-f(-x)$，明显可知 $h(-x)=f(-x)-f(x)$，故 $h(x)+h(-x)=0$．因此，函数 $h(x)$ 的自变量取和为 0 的两个值，对应的函数值的和为 0，即函数 $h(x)$ 为奇函数．对于定义域为 **R** 的奇函数来说，其零点的个数是奇数个，而已知函数 $g(x)$ 有且只有两个不同的零点，说明函数 $h(x)$ 有唯一的零点 $x=0$．

由此可以得到：函数 $t(x)=x^2+ax-a$ 有且只有唯一的不等于 0 的零点，这个零点就是函数的对称轴所对应的自变量的值，即 $x=-\dfrac{a}{2}$，因此，$t\left(-\dfrac{a}{2}\right)=\left(-\dfrac{a}{2}\right)^2+a\left(-\dfrac{a}{2}\right)-a=0$，也就是 $a(a+4)=0$，舍 $a=0$，因为此时函数 $t(x)$ 的零点为 $x=0$，不满足题意．因此 $a=-4$．

例题 3 已知函数 $f(2x+1)$ 是 **R** 上的偶函数，求 $y=f(2x)$ 的对称轴．

分析：因为函数 $f(2x+1)$ 是 **R** 上的偶函数，因此，这个函数的自变量

x 取和为 0 的两个值时，对应的函数值相等，用数学的符号语言表达就是 $f(2x+1)=f(-2x+1)$.

　　求函数 $y=f(2x)$ 的对称轴的含义是什么呢？要从这个函数的代数特征入手分析，就是要思考当这个函数的自变量 x 取什么样的两个值的时候对应的函数值相等．由 $f(2x+1)=f(-2x+1)$ 整理得 $f\left[2\left(x+\dfrac{1}{2}\right)\right]=f\left[2\left(-x+\dfrac{1}{2}\right)\right]$，可知函数 $y=f(2x)$ 的自变量 x 取 $x+\dfrac{1}{2}$ 和 $-x+\dfrac{1}{2}$ 这两个值得时候，也就是和为 1 的时候，对应的两个函数值相等．因此，函数 $y=f(2x)$ 的对称轴为 $x=\dfrac{1}{2}$．

问题 9：如何理解周期函数定义中的符号语言 $f(x+T)=f(x)$？

知识卡片：周期函数

> 　　一般地，对于函数 $f(x)$，如果存在一个非零常数 T，使得定义域内的每一个 x 值，都满足 $f(x+T)=f(x)$，那么函数 $f(x)$ 就叫做周期函数，非零常数 T 叫做这个函数的周期．

　　分析：定义中的符号语言 $f(x+T)=f(x)$ 的代数特征是：函数 $f(x)$ 的自变量分别取 $x+T$ 和 x 时函数值相等，其几何特征是横坐标相差 $\pm T$ 时，纵坐标相等．因此，在间隔长度为 $|T|$ 的区间内的函数图像重复出现．

例题 4　*如图放置的边长为 1 的正方形 $PABC$ 沿 x 轴滚动．设顶点 $P(x,y)$ 的轨迹方程是 $y=f(x)$，则 $f(x)$ 的最小正周期为多少呢？*

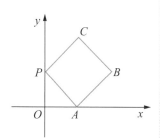

　　分析：实际上，由题意并结合图像不难得出，正方形 $PABC$ 的周长为 4，因此若"正方形 $PABC$ 沿 x 轴滚动"一周，其长度正好是 4. 用函数的思维分析，就是当自变量 x 变化到 $x+4$ 时，函数值总是相等的，从而得出 $f(x)$ 的最小正周期为 4. 面对这样的问题，很多同学的思维是如何计算周期，想到的是计算正弦型或余弦型三角函数的周期公式 $T=\dfrac{2\pi}{\omega}$，而不会从周期函数的概念去分析、思考函数周期的问题．

学习数学的思维方法，就是要能够学会用数学的概念去思考数学问题，把数学概念变成自己的思维方式．

> 问题 10：如果函数 $y=f(x)$ 满足 $f(1+x)=f(x-1)$，这个函数具有什么性质呢？

分析：$f(1+x)=f(x-1)$ 是符号语言，我们还是要通过它看函数 $f(x)$ 的自变量是如何取值的，也就是要揭示出这个符号语言背后的代数特征．

显然，自变量 x 取了两个值，分别是 $1+x$、$x-1$，这两个自变量的代数特征不是和为常数了，但它们的差是 2 或 -2；其几何含义是这两个值在 x 轴上不是以某个常数为中点坐标，而是相差 2 个单位的线段端点对应的两个坐标；由于这两个差为 2 或 -2 的自变量对应的函数值相等，根据函数的周期性的概念，可知函数 $y=f(x)$ 是周期为 2 的函数．

> 问题 11：如果函数 $y=f(x)$ 满足 $f(px)=f\left(px-\dfrac{p}{2}\right)$，其中 $p>0$，那么，函数 $y=f(x)$ 的一个正周期是多少呢？

分析：首先，你思考作为函数 $y=f(x)$ 满足的符号语言 $f(px)=f\left(px-\dfrac{p}{2}\right)$ 所表达的代数特征是什么呢？或者说你如何理解 $f(px)=f\left(px-\dfrac{p}{2}\right)$ 这个符号语言？

实际上，$f(px)$、$f\left(px-\dfrac{p}{2}\right)$ 是函数 $y=f(x)$ 的自变量 x 分别取 px、

$px-\dfrac{p}{2}$ 之后所对应的两个相等的函数值，由于这两个自变量的值 px、$px-\dfrac{p}{2}$

的和不是常数，但差为 $\dfrac{p}{2}$ 或 $-\dfrac{p}{2}$，又因为 $p>0$，所以，这个符号语言的含义

是函数 $y=f(x)$ 的自变量 x 取了差为 $\dfrac{p}{2}$ 的两个值，对应的函数值总是相等的，

故依据周期函数的概念，可知函数 $y=f(x)$ 的一个正周期是 $\dfrac{p}{2}$.

敲黑板

对于这个问题的回答，不少同学可能给出的答案是 $\dfrac{1}{2}$ ，但这是一个错误的结果．错误的原因是将条件式改写为 $f(px)=f\left[p\left(x-\dfrac{1}{2}\right)\right]$ 后，认为函数 $y=f(x)$ 的自变量是分别取了 x、$x-\dfrac{1}{2}$ 之后函数值相等，这是对函数自变量变化的机械认识和模仿导致的，想当然地把 x、$x-\dfrac{1}{2}$ 看成了自变量，这是没有逻辑的．

这种错误产生的原因就是还没有掌握用数学的概念思考问题的习惯，还在模仿以前的操作．如可能原来解答过这样的问题：$y=\sin\left(2x-\dfrac{\pi}{3}\right)$ 的图像与 $\sin 2x$ 图像的关系，用了"左加右减"这个结论去判断．如果没有从自变量 x 的角度去分析，就可能会错误地认为函数 $y=\sin\left(2x-\dfrac{\pi}{3}\right)$ 的图像是将 $y=\sin 2x$ 图像向右移了 $\dfrac{\pi}{3}$ 个单位而得到的．因此，为了分析两个函数的自变量的关系，将函数 $y=\sin\left(2x-\dfrac{\pi}{3}\right)$ 变形为 $y=\sin\left[2\left(x-\dfrac{\pi}{6}\right)\right]$ 之后，分析 $x-\dfrac{\pi}{6}$ 与 x 的关系．这个做法可能给他们留下了深刻的记忆，但是如果同学们没有理解这样做的背后函数的思维是怎样的话，那么上述错误的产生也就不可避免．

问题 12：如果函数 $y=f(x)$ 满足 $f(px)=f\left(px-\dfrac{p}{2}\right)$，其中 $p>0$，那么，函数 $y=f(px)$ 的一个正周期是多少呢？

分析：首先要确定函数 $y=f(px)$ 的自变量是 x，要能够从函数 $y=f(x)$ 所满足的等式中分析出这个函数的代数特征，需要将 $f(px)=f\left(px-\dfrac{p}{2}\right)$ 整理为

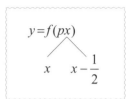

$f(px)=f\left[p\left(x-\dfrac{1}{2}\right)\right]$，从中可以分析出函数 $y=f(px)$ 的自变量 x 是分别取 x、$x-\dfrac{1}{2}$ 时函数值相等，由于这两个自变量所取值的差为 $\dfrac{1}{2}$ 或 $-\dfrac{1}{2}$，因而函数 $y=f(px)$ 的一个正周期为 $\dfrac{1}{2}$．

问题 13：如果函数 $y=f(x)$ 满足 $f(1+x)+f(x-1)=2$，那么函数 $y=f(x)$ 具有什么样的性质呢？

分析：从已知条件中的符号语言 $f(1+x)+f(x-1)=2$ 知道，函数 $y=f(x)$ 的自变量 x 分别取 $1+x$、$x-1$ 时对应的两个函数值的和为 2．如果把满足的式子写成 $f(x-1)=2-f(1+x)$，从左向右看可以解读为：当函数 $y=f(x)$ 的自变量增加 2 个单位的时候，其对应的函数值的相反数与 2 的和等于自变量没增加前的函数值．利用函数 $y=f(x)$ 所满足的这条性质可知：$f(x+1)=2-f(x+3)$，由此可以推出 $f(x-1)=f(x+3)$．这个符号语言的代数特征是函数 $y=f(x)$ 取相差 4 个单位的自变量 $x-1$ 和 $x+3$ 的时候，对应的两个函数值总是相等的．因此，根据周期函数的概念知函数 $y=f(x)$ 的周期为 4．

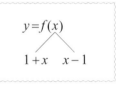

问题 14：已知 $y=f(x)$，$x\in\mathbf{R}$，满足 $f\left(x+\dfrac{3}{2}\right)=-f(x)$，且图像关于 $\left(-\dfrac{3}{4},0\right)$ 成中心对称，进一步分析函数 $y=f(x)$ 的性质．

分析：这个问题的思维焦点在于函数 $y=f(x)$ 在满足两个性质的情况下

会产生什么样的新性质？这个新性质一定是这两个性质共同作用下产生的．因此，就需要将这两个性质用数学的符号语言写出来，并希望能够从中推导出新的数学符号语言，得到函数 $y=f(x)$ 的新性质．

对于已经是数学符号语言所表达出来的性质 $f\left(x+\dfrac{3}{2}\right)=-f(x)$，其数学的含义很清楚，就是函数 $y=f(x)$ 取差为 $\dfrac{3}{2}$ 的两个自变量的值的时候，对应的函数值的和为 0．

函数 $y=f(x)$ 的图像关于点 $\left(-\dfrac{3}{4},0\right)$ 成中心对称的代数特征是函数的自变量取两个和为 $-\dfrac{3}{2}$ 的自变量值的时候，对应的函数值的和为 0；如何表示这两个自变量呢？注意到在第一条的性质 $f\left(x+\dfrac{3}{2}\right)=-f(x)$ 中，自变量的取值有 x，为此，可以选 x 和 $-\dfrac{3}{2}-x$ 作为和为 $-\dfrac{3}{2}$ 的两个自变量．因此，这条性质用数学的符号语言表示就是：$f(x)+f\left(-\dfrac{3}{2}-x\right)=0$．在此基础上和 $f(x)+f\left(x+\dfrac{3}{2}\right)=0$ 相比较，就不难得出 $f\left(-\dfrac{3}{2}-x\right)=f\left(x+\dfrac{3}{2}\right)$．这个符号语言表明了函数 $y=f(x)$ 的一条新性质，即：自变量 x 取互为相反数的两个值 $-\dfrac{3}{2}-x$ 和 $x+\dfrac{3}{2}$ 的时候，其对应的函数值相等．因此，函数 $y=f(x)$ 是偶函数，其图像特征是关于直线 $x=0$ 对称．

这里面有一个问题我们可能要思考一下，就是和为 $-\dfrac{3}{2}$ 的两个自变量的值如果不用 x 和 $-\dfrac{3}{2}-x$ 表示，那么对应的符号语言是怎样的？函数 $f(x)$ 的性质又是什么呢？

实际上，函数 $y=f(x)$ 的一个自变量也可以取 $x+\dfrac{3}{2}$，因为 $f\left(x+\dfrac{3}{2}\right)=-f(x)$ 中有一个自变量就是 $x+\dfrac{3}{2}$，那么，另外一个自变量就一定是 $-\dfrac{3}{2}-\left(x+\dfrac{3}{2}\right)=-x-3$，这样就有 $f\left(x+\dfrac{3}{2}\right)+f(-x-3)=0$．

在此基础上和 $f(x)+f\left(x+\dfrac{3}{2}\right)=0$ 相比较，得出 $f(x)=f(-x-3)$，此

符号语言表明函数 $y=f(x)$ 的代数特征是：取两个和为 -3 的自变量的值时

对应的函数值是相等的；其几何含义是：有两个以 $x=-\dfrac{3}{2}$ 为中点的两个点

的横坐标，对应的两个纵坐标总是相等的，既函数 $y=f(x)$ 的图像关于直线

$x=-\dfrac{3}{2}$ 对称.

例题 5 已知函数 $f(x)$ 的定义域为 **R**，若 $f(x+1)$ 与 $f(x-1)$ 都是奇函数，
则（　　）.

A. $f(x)$ 是偶函数 　　　　B. $f(x)$ 是奇函数

C. $f(x)=f(x+2)$ 　　　　D. $f(x+3)$ 是奇函数

分析：首先应该把"$f(x+1)$ 与 $f(x-1)$ 都是奇函数"从代数特征上进

行理解，即函数 $f(x+1)$ 与 $f(x-1)$ 的自变量 x 分别取相反数的时候，对应

的函数值相反；在此基础上写出其对应的数学符号语言的形式，也就是

$f(x+1)+f(-x+1)=0$ 和 $f(x-1)+f(-x-1)=0$.

但是，我们发现写出来的这两个符号语言之间没有关系，无法进一步去

推导. 为此，我们从这两个相互间没有关系的数学符号语言去分析函数 $f(x)$

本质不变的代数特征和几何特征，再写出相互之间有关系的数学符号语言，

即：由 $f(x+1)+f(-x+1)=0$ 和 $f(x-1)+f(-x-1)=0$ 可知函数 $f(x)$ 的自变

量分别取和为 2 及 -2 的两个值的时候，对应的函数值的和为 0；因此，函数

$f(x)$ 的图像特征是关于点（1，0）和（-1，0）中心对称.

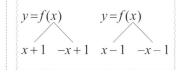

所谓函数 $f(x)$ 的图像关于点（1，0）中心对称就是其自变量取和为 2 的

两个值的时候，对应的函数值的和为 0，因此，当函数 $f(x)$ 的自变量取 x 和

$2-x$ 时，有 $f(x)+f(2-x)=0$；类似地，函数 $f(x)$ 的图像关于点（-1，0）

中心对称就是 $f(x)+f(-2-x)=0$；由此得到函数 $f(x)$ 所满足的新的等式是

$f(2-x)=f(-2-x)$. 这个数学的符号语言表明函数 $y=f(x)$ 的周期为 4.

为进一步探索和函数 $y=f(x)$ 有关的性质，就需要用周期为 4 的性质继

续推导，因此，可以将前面得到的数学符号语言 $f(x+1)+f(-x+1)=0$ 和

$f(x-1)+f(-x-1)=0$ 改写成 $f(x+5)+f(-x+5)=0$ 和 $f(x+3)+f(-x+3)=0$，

这个改写依据的就是函数 $y=f(x)$ 的周期为 4 的性质. 当然，我们从这两个新

的数学符号语言中能够读出：函数 $y=f(x+5)$ 和 $y=f(x+3)$ 是奇函数. 作为

这道题目来说，答案选 D.

例题 6 已知定义在 **R** 上的奇函数 $y=f(x)$ 满足 $f(x-4)=-f(x)$，且在 $[0,2]$ 上是增函数，比较 $f(-25)$、$f(11)$、$f(80)$ 的大小.

分析：这个问题首先要研究 $y=f(x)$ 性质，而要得到性质就要将用描述性语言表达出来的性质表述为数学的符号语言；对于条件中的符号语言 $f(x-4)=-f(x)$ 就要能理解其代数特征并表达其对应的函数性质.

因为 $y=f(x)$ 是定义在 **R** 上的奇函数，因此其自变量取互为相反数的两个值的时候，其对应的函数值相反，也就是满足 $f(x)+f(-x)=0$，又因为 $f(x-4)+f(x)=0$，得 $f(-x)=f(x-4)$. 这个符号语言表明函数 $y=f(x)$ 的自变量取和为 -4 的两个自变量值的时候函数值相等. 所以，函数 $f(x)$ 的图像关于直线 $x=-2$ 对称. 由 $f(x-4)=-f(x)$ 知道函数 $y=f(x)$ 的自变量取差为 4 的两个值的时候，函数值相反. 因此，可以继续运用这条性质得到 $f(x)=-f(x+4)$，即 $f(x-4)=f(x+4)$. 此符号语言表明：函数 $y=f(x)$ 是周期函数且周期 $T=8$. 至此，结合已知条件 "$y=f(x)$ 在 $[0,2]$ 上是增函数"，我们对于函数 $f(x)$ 的性质完全掌握了.

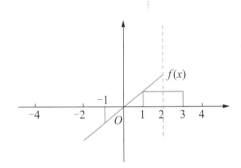

由函数 $y=f(x)$ 周期为 8，可知 $f(-25)=f(-1)$、$f(80)=f(0)$、$f(11)=f(3)$，故只需比较 $f(-1)$、$f(3)$、$f(0)$ 的大小. 又因为 $f(3)=-f(3-4)=-f(-1)=f(1)$，故只需比较 $f(-1)$、$f(1)$、$f(0)$ 的大小了.

由 $y=f(x)$ 在 $[0,2]$ 上是增函数及奇函数的性质，可以画出函数 $f(x)$ 在 $[-2,2]$ 上的示意图，如图所示.

由 $f(-1) < f(0) < f(1) = f(3)$ 得 $f(-25) < f(80) < f(11)$.

例题 7 设函数 $f(x)=A\sin(\omega x+\varphi)$，$A>0$，$\omega>0$. 若 $f(x)$ 在区间 $\left[\dfrac{\pi}{6},\dfrac{\pi}{2}\right]$ 上具有单调性，且 $f\left(\dfrac{\pi}{2}\right)=f\left(\dfrac{2\pi}{3}\right)=-f\left(\dfrac{\pi}{6}\right)$，则 $f(x)$ 的最小正周期为多少？

分析：解决问题的关键在于如何理解条件中的数学符号语言，也就是等式 $f\left(\dfrac{\pi}{2}\right)=f\left(\dfrac{2\pi}{3}\right)=-f\left(\dfrac{\pi}{6}\right)$. 如果认为这个等式是为了用待定系数法求 A、φ、ω 的话，实际上是没有看懂这个符号语言所表达出来的函数 $f(x)=A\sin(\omega x+\varphi)$ 的性质，因而也就难免要陷入到复杂的运算中.

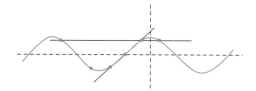

如图，结合 $f(x)=A\sin(\omega x+\varphi)$ 的图像，我们知道，这个函数有丰富的对称性和周期性．我们需要思考的是：

$f\left(\dfrac{\pi}{2}\right)=f\left(\dfrac{2\pi}{3}\right)=-f\left(\dfrac{\pi}{6}\right)$ 是这个函数的什么性质造成的？

实际上，函数值相等可能是关于直线对称的性质决定的，也可能是由于周期性质得到的，或者是由这两条性质共同作用得到的．由于题目有"若 $f(x)$ 在区间 $\left[\dfrac{\pi}{6},\dfrac{\pi}{2}\right]$ 上具有单调性"的条件，也就告诉了我们 $\dfrac{T}{2}\geqslant\left(\dfrac{\pi}{2}-\dfrac{\pi}{6}\right)$，即 $T\geqslant\dfrac{2\pi}{3}$，由此就可以判断函数值相等是由什么性质造成的了．即：由于 $f\left(\dfrac{\pi}{2}\right)=f\left(\dfrac{2\pi}{3}\right)$，而 $\dfrac{2\pi}{3}-\dfrac{\pi}{2}=\dfrac{\pi}{6}$，因此 $f\left(\dfrac{\pi}{2}\right)=f\left(\dfrac{2\pi}{3}\right)$ 反映的是函数关于直线 $x=\dfrac{7\pi}{12}$ 对称的性质，直线 $x=\dfrac{7\pi}{12}$ 是函数 $f(x)=A\sin(\omega x+\varphi)$ 的一条对称轴．

从函数 $f(x)=A\sin(\omega x+\varphi)$ 的对称性我们知道，函数值相反最直接的原因是因为这个函数具有中心对称的性质，函数图像与 x 轴的交点都是它的对称中心，由于对称中心的纵坐标为 0，因此，只要有两个自变量对应的横坐标关于对称中心的横坐标为中点坐标，对应的函数值就是和为 0．

现在从已知的条件看，自变量 $\dfrac{\pi}{2}$ 和 $\dfrac{2\pi}{3}$ 所对应的函数值都与自变量 $\dfrac{\pi}{6}$ 的函数值相反，但注意这三个自变量的顺序：$\dfrac{\pi}{6}<\dfrac{\pi}{2}<\dfrac{2\pi}{3}$，可知 $f\left(\dfrac{\pi}{6}\right)$ 与 $f\left(\dfrac{2\pi}{3}\right)$ 的相反不是直接的相反，是隔着对称轴 $x=\dfrac{7\pi}{12}$；再结合区间 $\left[\dfrac{\pi}{6},\dfrac{\pi}{2}\right]$ 是 $f(x)$ 的单调区间，可知 $f\left(\dfrac{\pi}{2}\right)=-f\left(\dfrac{\pi}{6}\right)$ 一定是由中心对称性质决定的．因此，点 $\left(\dfrac{\pi}{3},0\right)$ 是函数 $f(x)=A\sin(\omega x+\varphi)$ 的一个对称中心．

现在还剩下一个问题没有解决，对称中心 $\left(\dfrac{\pi}{3},0\right)$ 与对称轴 $x=\dfrac{7\pi}{12}$ 是不是相邻的？

由于 $\dfrac{7\pi}{12}-\dfrac{\pi}{3}=\dfrac{3\pi}{12}=\dfrac{\pi}{4}<\dfrac{T}{2}$，这就说明直线 $x=\dfrac{7\pi}{12}$ 与点 $\left(\dfrac{\pi}{3},0\right)$ 是函数 $f(x)=A\sin(\omega x+\varphi)$ 相邻的对称轴与对称中心．所以 $\dfrac{T}{4}=\dfrac{7\pi}{12}-\dfrac{\pi}{3}=\dfrac{\pi}{4}$，即 $T=\pi$．

小　结

以上我们是运用函数的思维方法通过数学的符号语言或函数图像的几何特征来分析一个函数 $y=f(x)$ 的性质．也就是在明确这个函数的自变量是谁的前提下，通过数学的符号语言读懂它取了什么样的两个自变量，以及其对应的函数值的关系是怎样的；从函数的图像特征分析函数的自变量的变化规律及对应的函数值的代数特征．

老师说

从抽象的数学符号语言到直观的函数图像特征看似简单，但是它们之间的代数特征是不能逾越的，代数特征就是函数思维，就是我们理解数学的符号语言或图像特征的思维活动，没有代数特征的数学符号语言是冰冷的，同样，没有代数特征的图像特征也是没有生命力的．

插上想象的翅膀：

充满理性思维的正方体

从这一节开始，我们的思维盛宴进入到几何图形的世界．

在小学，我们已经学过了正方体，知道正方体是什么样的空间几何体．现在，大家不要动笔，和我一起动脑：想象一个正方体，你能用自己的语言来描述一下这个正方体吗？

1. 想象正方体

（1）想象正方体——基本描述（面）

思考 1 描述一下你头脑中的正方体是什么样的？

思考 2 组成正方体的是什么样的面？

充分发挥想象，让你脑海中的正方体更清晰一些，再读下页的内容．

思考 3 这些面是怎样围成的？

思考 4 从数学的角度，这 6 个面大小一样，可以完全重合，那它们又有怎样的位置关系？

我们从想象的正方体中，是不是能够得到这样的印象呢?

- 正方体是一个看起来感觉很对称的空间几何体;
- 正方体是由 6 个大小一样的正方形围成的立体图形，是特殊的长方体;
- 6 个正方形互相连接;
- 每个面都与其余 4 个面相邻，并与这 4 个面都互相垂直;
- 3 组相对的面互相平行.

以上我们是从面的角度来理解我们所想象中的正方体的.

老师说

实际上，任何几何体都是由面围成，了解一个几何体就像理解正方体一样，都是从这个几何体的整体去看的. 因此，首先看到的就是围成这个几何体的面：我们要关注面的形状，关注面与面之间的位置关系.

当然，我们没有拿着一个正方体的模型来观察，而是在大脑中来想象这个正方体，这样更有利于我们空间想象能力的形成.

（2）想象正方体——棱与顶点

下面，我们一起继续来想象这个正方体：我们知道面与面相交是线，在正方体中，我们把相邻两个面的公共边称之为棱，棱与棱的公共点叫做正方体的顶点.

思考 5 正方体有多少条棱? 你是怎么计算出正方体的棱的个数的呢?

思考 6 正方体有几个顶点?

查一查，你的计算方法是否在列?

- 正方体的 6 个面是 6 个正方形，每个正方形有 4 条边，也就是正方体的 4 条棱，但能说有 $4 \times 6 = 24$ 条棱吗? 你会发现，每一条棱实际上是两个正方形的边，也就是刚才都算了两次，因此，正方体的棱共有 $24 \div 2 = 12$ 条.

- 正方体有三组互相平行的棱，在你想象的正方体中，可能首先看到的
  是一组水平的棱，共有 4 条棱；竖直的是一组，也是 4 条棱；还有一
  组是正对着指向我们的，也是 4 条棱．因此，一共有 $4 \times 3 = 12$ 条棱．

- 正方体有 8 个顶点，每个顶点对应着 3 条互相垂直的棱．在我们想象
  的正方体中，是能够感受到每一条棱的两个端点就是正方体的顶点．

进一步清晰你头脑中的正方体：正方体是由 6 个形状为正方形、大小完
全一样的面围成的，这些面有互相垂直的，也有互相平行的；正方体有 12 条
棱，有 8 个顶点．

我们知道连接两点可以构成一条线段，除了棱之外，我们再想象一下正
方体内部的情形吧：

（3）想象正方体——内部连接

思考 7 这 8 个顶点除了能构成正方体的 12 条棱外，还可以构成哪些线段？

思考 8 这些线段共有几条，你能描述清楚它们吗？

思考 9 这些线段又有着怎样的关系？在你的头脑中，能否清晰地呈现
出这些线段？

- 8 个顶点中在同一个面内且相邻的两个顶点构成了 12 条棱．

- 不相邻的顶点分两种情况：一种是在正方体的每一个面，对应的线段
  也就是正方形的对角线，它们相交于一点且互相平分，共有 2 条，因
  为有 6 个面，所以这样的线段共有 12 条．

- 还有一种情况就是不相邻的顶点不在围成正方体的正方形的面内，任
  意连接这样的顶点所得到的线段在正方体的内部，共有 4 条这样的线
  段．它们的长度相等，都经过同一点，并且被这点平分，换句话说，
  这点到正方体的每个顶点的距离都相等．这个点在正方体的正中心．我
  们把它称之为正方体的对称中心．

> 面对某些问题，我们
> 需要分情况讨论．

（4）想象正方体——更多变化

挑战 1　假如此时这个正方体绕着这个正中心 360° 无死角前后左右开始旋转．在旋转过程中，正方体的 8 个顶点经过的轨迹会组成一个新的几何体，你能猜想出它是什么样的吗？

这个几何体与正方体的中心点有着怎样的联系？

试着描述它．

在旋转过程中，这 8 个顶点与中心点的距离始终保持不变．所以这 8 个点的运动轨迹呈现在我们面前的是一个球面．想象中的正方体正好内接于这个球面．球心就是正方体的对称中心，这点到正方体各顶点连接而成的线段是球的半径．你能够想象出这两个最特殊的空间几何体的相互依存的位置关系吗？

下面我们继续在立体图形的思维空间中遨游．

挑战 2　正方体是由 6 个大小一样、能完全重合的正方形所围成的．现在我们反向思考：将这 6 个面打开，把正方体转变成平面图形，怎么能够做到呢？

想象一下你手里有一把剪刀，沿着正方体的棱将正方体相互连接的 6 个面按照一定的顺序剪开，但还能互相连接且至少有一个共同的边．然后，将这样的 6 个正方形的面放在一个平面内，会是什么样的平面图形呢？

如果我们把这样的平面图形叫做正方体的平面展开图的话，你能想象出多少种不同形状的正方体的平面展开图呢？请尝试着把你想象出来的正方体的展开图画一画．

不妨先画在侧边栏，再看下页的提示．

老师说

这一节，我们并没有直接给出正方体的形象，也没有画出正方体，但是，每位同学的头脑中是不是都有一个属于自己的正方体？学数学就是要多动脑，学习立体几何这门学科，有的时候就需要像刚才那样，不看正方体的模型，也不画出正方体的直观图，逼着自己去想象，通过思维的方式认识、理解、研究我们熟悉的正方体．

如上图所示，一共可以画出 11 种正方体的平面展开图.

2. 点动成线、线动成面

立体几何是把研究几何元素的性质及它们之间的位置关系作为主要内容的. 我们常说"点动成线、线动成面"，是从动态的角度描述直线和平面的形成过程. 更重要的是我们要明确立体几何的思维方法：确定点的位置要靠两条相交直线，确定直线的位置需要两个相交平面. 因此，立体几何思维逻辑的一条主线就是要确定点、直线、平面，另一条主线就是要确定它们之间的位置关系.

（1）点的位置的确定

确定线面垂直的垂足位置的基本依据是：如果两个平面垂直，那么在一个平面内垂直于它们交线的直线垂直于另一个平面（如图）.

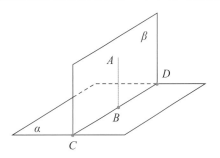

问题 1：正方体 $ABCD-A_1B_1C_1D_1$ 中，A_1C 与面 DBC_1 相交于点 E，点 E 的位置如何确定呢？

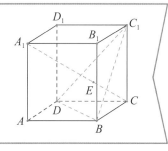

分析：确定点的位置要通过直线与直线相交来得到. 如图所示，根据条件，点 E 在直线 A_1C 上，而直线 A_1C 又在正方体 $ABCD-A_1B_1C_1D_1$ 的对角面 A_1ACC 上，因此，点 E 在对角面 A_1ACC_1 内；直线 A_1C 与面 DBC_1 相交于点 E，因此点 E 在截面 DBC_1 内，也就是点 E 是对角面 A_1ACC_1 和截面 DBC_1 的公共点；设 AC 与 BD 相交于点 F，对角面 A_1ACC_1 与截面 DBC_1 的交线为 C_1F，根据平面的基本事实 3（如果两个不重合的平面有一个公共点，那么它们有且只有一条过该点的公共直线）可知，可知点 E 在直线 C_1F 上，这样，点 E 就是

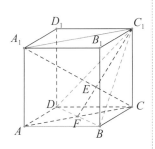

直线 A_1C 与直线 C_1F 的公共点．也就是，在平面 A_1ACC_1 内，直线 A_1C 与直线 C_1F 相交所得到的点就是点 E．

以上我们定性地确定了点 E 的几何位置，为了更准确地刻画它的几何特征，还需要能够通过数量关系来刻画它的位置．实际上，在平面 A_1ACC_1 内，因为 $FC // A_1C_1$，所以 $CE : EA_1 = CF : A_1C_1 = 1 : 2$，所以，点 E 是体对角线 A_1C 的三等分点．在正三角形 BDC_1 这个截面内，因为 $FE : EC_1 = FC : A_1C_1 = 1 : 2$，所以，点 E 是这个正三角形 BDC_1 中线 C_1F 的 $2 : 1$ 分点，因此，点 E 是这个正三角形 BDC_1 的重心，也就是正三角形 BDC_1 的中心．

思考题 在正方体 $ABCD-A_1B_1C_1D_1$ 中，P 为对角线 BD_1 的三等分点，问 P 到各顶点的距离的不同取值有几个？

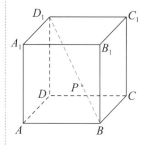

如图，实际上 P 不仅为对角线 BD_1 的三等分点，也是正方体的体对角线 BD_1 与截面 ACB_1 垂直的垂足，并且这个垂足 P 还是截面正三角形 ACB_1 的中心，因而 $PB_1 = PC = PA$．

除了体对角线 BD_1 的两个端点之外，正方体上还有三个顶点 A_1、D、C_1，这三个顶点正好构成截面正三角形 A_1DC_1，体对角线 BD_1 与截面 A_1DC_1 垂直，垂足正好是体对角线 BD_1 上的另一个三等分点 Q，Q 点也是正三角形 A_1DC_1 的中心．易知 $P-A_1DC_1$ 为正三棱锥，所以有 $PA_1 = PC_1 = PD$．

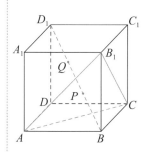

那么，前后两组的长度如 PA 与 PA_1 是否相等呢？它们与 PB、PD_1 是否相等呢？思考一下，你能不能回答出这个问题？

由以上分析，我们得到结论：正方体的体对角线上的三等分点 P 到正方体各顶点的距离的不同取值共有 4 组．

由前面的讨论，你是不是了解了点的几何特征分析方法了呢？

老师说

关于点的几何特征分析

首先就是要明确这个点在几何上是如何确定的，要知道是如何通过两条直线的相交来确定这个点的存在的；

其次还要能够通过点在其他相关图形中的位置来进一步明确其几何特征，如上一个例子中的正方体的体对角线上的三等分点还是与体对角线垂直的截面正三角形的中心；

最后我们还要能够用代数上的数量关系来刻画这个点．

（2）直线位置的确定

空间中，两条直线有三种位置关系：平行、相交和异面．在解决具体问题的过程中，这些直线都是依托于几何体的面而存在的，因此直线位置的确定依赖于面．根据平面性质的基本事实我们知道，确定一条直线，需要两个相交的平面．

问题2：如图，在正方体 $ABCD-A_1B_1C_1D_1$ 中，E、F 分别为棱 AA_1、CC_1 的中点，则在空间中与三条直线 AD、EF、C_1D_1 都相交的直线有多少条？

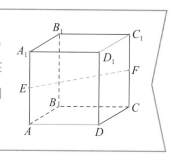

分析：确定直线的条数不是靠眼力，欲在空间中找出与三条直线 AD、EF、C_1D_1 都相交的直线，是要通过面来实现的，但这是具有什么几何特征的平面呢？一时无法回答，那就在正方体中先找出一条符合题意的直线，再通过这条直线所在的面的几何特征，来确定需要什么样的面．

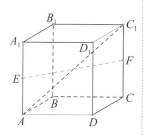

如图，正方体的体对角线 AC_1 与直线 AD、D_1C_1 相交，与直线 EF 是在同一个平面．在对角面 A_1ACC_1 上，AC_1 与 EF 不平行所以必相交，因此，直线 AC_1 就是符合题目条件要求的一条直线．

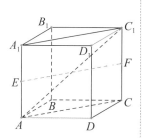

如图，这条直线所在的面就是正方体的对角面 A_1ACC_1，这个面与三条直线的关系是：直线 AD、D_1C_1 都与这个对角面相交，而直线 EF 在这个对角面内．

为了找到其他的符合题意的直线，就要先找面．这是什么样的面呢？根据前面的分析，直线 EF 是一定在这个面内的，因此，我们可以将对角面 A_1ACC_1 绕着直线 EF 旋转得到正方体的一个截面，如图所示．显然，直线 AD、D_1C_1 都与这个截面相交，连接其交点的直线在这个截面内，因此与直线 EF 必相交．由于这样的截面是不确定的，因此借助这个截面所找的符合条件的直线有无数条．

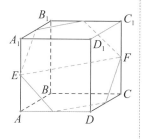

我们再换一个角度分析，如右图，在正方体 $ABCD-A_1B_1C_1D_1$ 的侧面 DC_1 内，连接 DF 并延长，则必与直线 D_1C_1 相交，符合题目的条件．

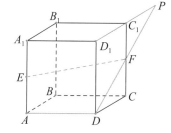

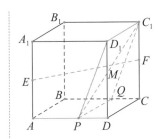

那么，下一条直线在哪里呢？当然，还是先要找平面，而这个平面的条件就要和平面 D_1DCC_1 类似，即直线 C_1D_1 在这个平面内，直线 AD、EF 要与这个平面相交．如右图，在平面 $ABCD$ 内做 $PQ\ /\!/\ DC$，则 $PQ\ /\!/\ D_1C_1$，故确定平面 PQC_1D_1，而直线 C_1D_1 在这个平面内，直线 AD、EF 与这个平面都相交，如果设直线 EF 与平面 PQC_1D_1 相交于点 M，则连接 PM 并延长，必与直线 D_1C_1 相交．由于类似平面 PQC_1D_1 的平面可以做出无数个，因此满足题意的直线有无数条．

如果连接 D_1E 并延长，一定与直线 AD 相交，直线 DE 所在的平面 A_1ADD_1 对你有何启示呢？你能否以此来判断有无数条直线满足题意呢？

（3）确定平面

在空间图形的研究中，平面是非常重要的载体．我们不仅仅是要研究围成空间几何体的各个面，也要研究其截面等平面图形．因此，这些面的确定就显得尤为重要．另外，从点的确定要靠直线，而直线的确定要依赖于平面这个角度看，确定平面的意义也就不言而喻了．

问题3：在棱长为 2 的正方体 $ABCD-A_1B_1C_1D_1$ 中，E 为 BC 的中点，点 P 在线段 D_1E 上，则点 P 到直线 CC_1 的距离的最小值为_____．

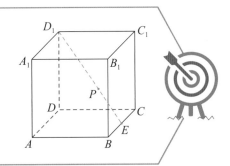

分析：这个问题涉及两条直线 D_1E 和 CC_1，为了研究问题的方便，我们需要把其中一条直线放到平面里．我们先看直线 CC_1，这条直线是正方体的棱，也就是它在平面 D_1DCC_1 或平面 B_1BCC_1 内，但是这两个平面与直线 D_1E 都是相交的位置关系，也就是一般的位置关系，对解决问题并不方便；那么，我们再看直线 D_1E，直线 D_1E 与 D_1C_1 是相交的，确定了一个平面，也就是面 D_1EC_1，但是，这个面与直线 CC_1 相交，也不是特殊的位置关系；我们再换一个角度看，直线 D_1E 与 D_1D 是相交的，确定了一个平面 D_1DE，由于 $D_1D\ /\!/\ C_1C$，可得 $C_1C\ /\!/$ 面 D_1DE．

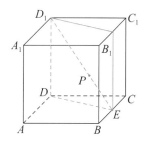

如图，点 P 到直线 CC_1 距离的最小值本质上就是两条异面直线 D_1E、C_1C 间的距离，即两条异面直线的公垂线的长度．由于 $CC_1 /\!/$ 面 D_1DE，所以这个距离就是直线 CC_1 上的任一点到平面 D_1DE 之间的距离．

由于面 D_1DE 与正方形的底面 $ABCD$ 是垂直的关系，DE 为交线，因此，在平面 $ABCD$ 内，过点 C 作 $CH \perp DE$ 于 H，则线段 CH 的长度就是点 P 到直线 CC_1 的距离的最小值．

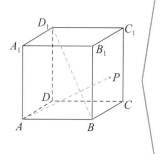

在 Rt$\triangle DEC$ 中，$DC = 2$，$EC = 1$，则 $DE = \sqrt{5}$，

所以，$CH = \dfrac{DC \cdot CE}{DE} = \dfrac{2 \times 1}{\sqrt{5}} = \dfrac{2\sqrt{5}}{5}$．

问题 4：在正方体 $ABCD$-$A_1B_1C_1D_1$ 中，点 P 在侧面 B_1BCC_1 及其边界上运动，并总是保持 $AP \perp BD_1$，则动点 P 的轨迹是（　　　）．

A. 线段 BC_1　　　　B. 线段 B_1C

C. BB_1 中点与 CC_1 中点连成的线段

D. BC 中点与 B_1C_1 中点连成的线段

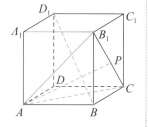

分析：点 P 在侧面 $B_1BC C_1$ 及其边界上运动实际上就是直线 AP 在动，根据"线动成面"的道理，我们就要思考，直线 AP 运动所成的面在哪里呢？因为直线 AB_1 与直线 AC 都过点 A，因此这两条直线确定一个面，即截面正 $\triangle AB_1C$，如图所示．

由于正方体的体对角线 $BD_1 \perp$ 截面正 $\triangle AB_1C$，直线 $AP \perp BD_1$，所以，直线 AP 在截面正 $\triangle AB_1C$ 内，这样，点 P 的位置也就确定了，因为点 P 在直线 AP 上，因而在截面正 $\triangle AB_1C$ 内，又因为点 P 在侧面 B_1BCC_1 及其边界上运动，故点 P 是截面正 $\triangle AB_1C$ 与正方体侧面 B_1BCC_1 的公共点，根据平面性质的基本事实 3 可知：点 P 的轨迹是线段 B_1C．

问题 5：在正方体 $ABCD-A_1B_1C_1D_1$ 中，点 M 是棱 CD 的中点，点 O 是侧面 AA_1D_1D 的中心，若点 P 在侧面 BB_1C_1C 及其边界上运动，并且总是保持 $OP \perp AM$，则点 P 的轨迹是什么？

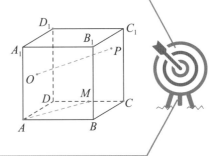

分析：动直线 OP 总是保持与 AM 垂直，说明动直线 OP 所形成的面与 AM 垂直，那么，这个面具有什么样的几何特征呢？

首先，这个面一定是过点 O 的，这个面与底面 $ABCD$ 的交线一定与 AM 垂直，过点 O 作 AD 的垂线，交 AD 于点 E，因为点 O 是侧面 AA_1D_1D 的中心，所以，点 E 为线段 AD 的中点；在底面正方形 $ABCD$ 内，我们知道 $BE \perp AM$，又 $OE /\!/ BB_1$，所以面 $OEBB_1$ 就是我们所要找的与 AM 垂直的面，也是动直线 OP 所在的面；因为点 P 还在侧面 BB_1C_1C 及其边界上运动，因此，点 P 是面 $OEBB_1$ 与侧面 B_1BCC_1 的公共点，即点 P 的轨迹是线段 BB_1。

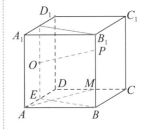

老师说

通过以上问题思考，同学们应该能体会到"线动成面"在我们理解立体几何问题时是很重要的一种思维方法．同时，在解决问题的过程中，通过"线动成面"来确定我们解决问题所需要的平面，是我们解决空间几何体问题的一个好途径．

小练习

1. 棱长为 2 的正方体 $ABCD-A_1B_1C_1D_1$，E 是棱 CC_1 的中点，P 是侧面 BB_1C_1C 内包括边界的一点，若 $A_1P \perp BE$，求线段 A_1P 长度的取值范围．

（答案：$[2，3]$）

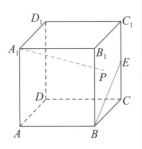

2. 棱长为 2 的正方体 $ABCD-A_1B_1C_1D_1$，E、F 分别是棱 BC、CC_1 的中点，P 是侧面 BB_1C_1C 内包括边界的一点，若 A_1P // 面 AEF，求线段 A_1P 长度的取值范围.

（答案：$\left[\dfrac{3\sqrt{2}}{2}, \sqrt{5}\right]$）

3. 正方体与正四面体

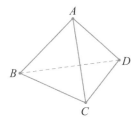

正四面体是由四个全等正三角形围成的空间封闭图形，所有棱长都相等. 它有 4 个面，6 条棱，4 个顶点. 正四面体是特殊的正三棱锥，而正方体是特殊的正四棱柱，它们各自都有着很明显的几何特征. 那么，它们之间有什么特殊的几何位置关系和数量关系呢？

思考 *在正方体的 8 个顶点中，你能否选出 4 个，作为正四面体的顶点呢？试试画出这个正四面体.*

在具体画出这个正四面体之前，可以发挥我们的空间想象力，在头脑中画出这个正四面体.

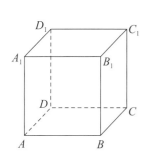

具体画法是：首先在正方体 $ABCD-A_1B_1C_1D_1$ 上下两个底面上选择两条面对线 AC 和 B_1D_1，它们所在的直线是互相垂直的两条异面直线；连接 AD_1、AB_1、CD_1、CB_1，这样就得到了我们想象的正四面体了.

如何来理解正四面体和正方体的关系呢？前面通过画正方体内的正四面体，同学们是不是已经感受到了这两个特殊的空间几何体之间的关系了呢？

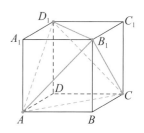

实际上，这个四面体的 6 条棱是正方体的 6 个面对角线；相对的两条棱在正方体的互相平行的面内，并且是互相垂直的；正四面体的 4 个顶点也是正方体的顶点；正方体的外接球也就是正四面体的外接球，外接球的球心也就是正方体的对称中心，同时也就是正四面体的对称中心.

问题 6：求棱长为 1 的正四面体 A–BCD 的体积．

思路 1 直接利用棱锥的体积公式求正四面体的体积是最容易想到的方法：

底面正 $\triangle BCD$ 的面积：

$$S = \frac{1}{2}|BC| \cdot |CD| \cdot \sin 60° = \frac{1}{2} \times \frac{\sqrt{3}}{2} = \frac{\sqrt{3}}{4} ,$$

过点 A 作底面 BCD 的垂线，垂足为 O，点 O 为正 $\triangle BCD$ 的中心，连 BO 交 CD 于点 E，则 E 为 CD 中点，BE 为正 $\triangle BCD$ 的中线，$BO : OE = 2 : 1$，

$$|BO| = \frac{2}{3} \times |BE| = \frac{2}{3} \times \frac{\sqrt{3}}{2} = \frac{\sqrt{3}}{3} ,$$

在直角 $\triangle ABO$ 中，$|AO| = \sqrt{|AB|^2 - |BO|^2} = \sqrt{1 - \frac{3}{9}} = \frac{\sqrt{6}}{3} ,$

所以，正四面体 A–BCD 的体积 $V = \frac{1}{3} \cdot S \cdot |AO| = \frac{1}{3} \times \frac{\sqrt{3}}{4} \times \frac{\sqrt{6}}{3} = \frac{\sqrt{2}}{12} .$

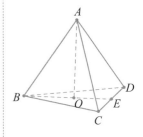

思路 2 将正四面体 A–BCD 置于对应的正方体之中，把正方体看作整体，则正四面体 A–BCD 是这个正方体的一部分．

如图：设正方体的棱长为 x，则 $2x^2 = 1$，所以正方体的棱长为 $\frac{\sqrt{2}}{2}$，那么正四面体的体积就等于正方体的体积减去四个侧棱长为 $\frac{\sqrt{2}}{2}$ 的小三棱锥的体积．

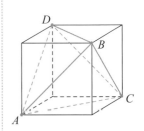

四个小的三棱锥的体积相同：

$$V_1 = V_2 = V_3 = V_4 = \frac{1}{3} \times \frac{1}{2} \times \left(\frac{\sqrt{2}}{2}\right)^3 = \frac{\sqrt{2}}{24} ,$$

正四面体 $A - BCD$ 的体积：

$$V = \left(\frac{\sqrt{2}}{2}\right)^3 - 4 \times \frac{\sqrt{2}}{24} = \frac{2\sqrt{2}}{8} - \frac{4\sqrt{2}}{24} = \frac{\sqrt{2}}{12} .$$

问题 7：正四面体的内切球、与各棱都相切的球、外接球三者的半径之比为多少？

分析：从问题提出的角度看，这是和正四面体相关的问题，但是，由于正四面体与正方体的关系，我们就可以换一个角度，也就是从正四面体及与之对应的正方体的关系角度来理解这个问题：

① 三个球的球心是同一点，即这个正四面体的外接球的球心也是对应的正方体的外接球的球心，实际上也就是正方体对角线的交点；

② 设正四面体的内切球半径为 r_1，与正四面体各棱都相切的球半径为 r_2，正四面体外接球的半径为 r_3，并设正方体的棱长为 a.

因为与正四面体各棱都相切的球实际上就是与正方体各面都相切，所以 $r_2 = \dfrac{a}{2}$；正四面体外接球实际上就是正方体的外接球，所以，

$$(2r_3)^2 = 3a^2，因此 r_3 = \frac{\sqrt{3}}{2}a；$$

下面我们分析如何用正方体的棱长 a 来表示正四面体的内切球的半径.

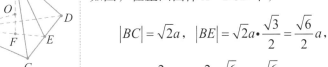

如图，在正四面体 $A-BCD$ 中，

$$|BC| = \sqrt{2}a，\quad |BE| = \sqrt{2}a \cdot \frac{\sqrt{3}}{2} = \frac{\sqrt{6}}{2}a，$$

$$|BF| = \frac{2}{3}|BE| = \frac{2}{3} \cdot \frac{\sqrt{6}}{2}a = \frac{\sqrt{6}}{3}a，\quad 这里，|BO| = r_3，|OF| = r_1，在 \text{Rt}\triangle OBF$$

中，$r_3^2 = r_1^2 + \left(\dfrac{\sqrt{6}}{3}a\right)^2$，得 $r_1 = \dfrac{1}{2\sqrt{3}}a$.

所以，半径之比 $r_1 : r_2 : r_3 = 1 : \sqrt{3} : 3$.

思考 如何在正方体中理解对应的正四面体的内切球的半径呢？

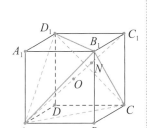

如图，正四面体 $A-B_1CD_1$ 的面 B_1CD_1 与体对角线 AC_1 垂直于点 N，点 N 就是我们前面所讨论的体对角线的三等分点；线段 ON 的长度就是正四面体内切球的半径，即 $r_1 = |ON|$.

设点 M 为正方体 $ABCD-A_1B_1C_1D_1$ 体对角线 AC_1 的另一个三等分点，则

$$|ON| = \frac{1}{2}|MN| = \frac{1}{2} \times \frac{1}{3}|AC_1| = \frac{1}{6}|AC_1|，$$

故：正四面体的内切球的半径实际上就是与正四面体共球的正方体的体对角线长的 $\frac{1}{6}$.

根据这个结论，在上一问题中，因为正方体 $ABCD-A_1B_1C_1D_1$ 的体对角线 $|AC_1|=\sqrt{3}a$，所以，正四面体的内切球的半径 $r_1=\frac{1}{6}|AC_1|=\frac{1}{6}\times\sqrt{3}a=\frac{\sqrt{3}}{6}a$.

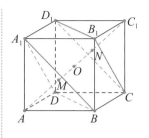

问题 8： 已知平面 α 及以下三个几何体：

（1）长、宽、高都不相等的长方体；

（2）底面为平行四边形，但不是棱形和矩形的四棱锥；

（3）正四面体.

问：这三个几何体在平面 α 上的射影可以为正方形吗？

分析：此题如果把这三个几何体直接投影到平面 α 上，再判断所得射影是正方形是很困难的．由于正方体相邻面是互相垂直的，而且 6 个面都是正方形，可不可以借助正方体来思考上述问题呢？

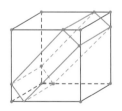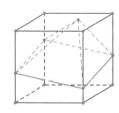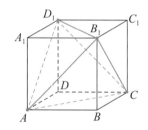

如图所示，构造正方体的内接长方体、四棱锥和正四面体，易知它们在正方体的底面射影都是正方形．

问题 9：关于直角 AOB 在定平面 α 内的射影有如下判断：①可能是 $0°$ 角；②可能是锐角；③可能是直角；④可能是钝角；⑤可能是 $180°$ 角．其中正确判断的序号是_____．

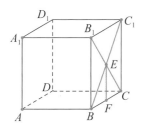

分析：如图，我们借助正方体 $ABCD-A_1B_1C_1D_1$ 来理解这个问题．

$\angle A_1B_1C_1$ 在底面的射影是 $\angle ABC$，这两个角都是直角，所以③正确．

在侧面 B_1BCC_1 中，连接 BC_1 和 B_1C 交于点 E，显然，$BC_1 \perp B_1C$，面 $BB_1CC_1 \perp$ 面 $ABCD$，$\angle B_1EB = 90°$，它在底面 $ABCD$ 的射影是 $0°$ 角；$\angle B_1EC_1 = 90°$，它在底面 $ABCD$ 的射影是 $\angle BFC$，是 $180°$ 角；所以①⑤正确．

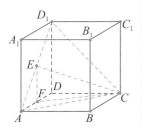

再看下面一个图，在正方体 $ABCD-A_1B_1C_1D_1$ 中，连接 AC、CD_1、AD_1，得正 $\triangle AD_1C$，取 AD_1 和 AD 的中点 E、F，在正 $\triangle AD_1C$ 中，连 CE，则 $CE \perp AD_1$，连接 EF，易证 $EF \perp$ 底面 $ABCD$．

所以，直角 $\angle AEC$ 和 $\angle D_1EC$ 在底面 $ABCD$ 的射影是 $\angle AFC$ 和 $\angle DFC$，一个是钝角，一个是锐角，故②④也是正确的．

老师说

正方体对称、完美，具有其他几何体难以企及的性质．如果能挖掘题设条件，展开联想，构造出相应的正方体，其特性即可得到充分利用，解题过程也会变得简捷明快，生动有趣．

从"想象中的正方体"到"点动成线、线动成面"再到"正四面体与正方体"，你是不是体会到了这个奇妙的正方体充满灵性，闪耀着理性思维的光芒呢？

"动"与"不动"：
平面解析几何的思维方法

学习平面解析几何与学习函数一样，首先就要先学会这门学科的思维方法．你如何思考一个平面解析几何问题呢？它的思维方法你掌握了吗？

我们先做一个小测试：

测试：如何理解"直线 $l: \dfrac{x}{a} + \dfrac{y}{b} = 1$ 过点 $M(\cos\alpha, \sin\alpha)$"呢？

一种理解就是直接将点 M 的坐标 $(\cos\alpha, \sin\alpha)$ 代入到直线方程 $\dfrac{x}{a} + \dfrac{y}{b} = 1$，得 $\dfrac{\cos\alpha}{a} + \dfrac{\sin\alpha}{b} = 1$．这个代数结果尽管是一个等式，但是含有所有的参数．

还有一种理解：

（1）直线 l 首先不是确定的直线，是一条动的直线，因为直线方程中含有参数 a，b；

（2）这条直线不能过坐标原点，不能和 x 轴或 y 轴垂直，这是截距式直线方程 $\dfrac{x}{a} + \dfrac{y}{b} = 1$ 的代数特征 $a \neq 0$，$b \neq 0$ 所反映出来的几何特征；

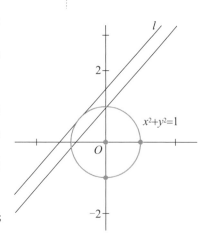

（3）点 $M(\cos\alpha, \sin\alpha)$ 不是一个确定的点，它是动的．既然是动点，对应的轨迹是什么呢？因为它的横、纵坐标的代数特征是 $\cos^2\alpha + \sin^2\alpha = 1$，所以，点 $M(\cos\alpha, \sin\alpha)$ 的坐标满足方程 $x^2 + y^2 = 1$，也就是动点 $M(\cos\alpha, \sin\alpha)$ 的轨迹是单位圆．

这样，对这句话的完整理解就是动直线 l 与单位圆有公共点 M；

从位置关系的角度看，就是动直线 l 与单位圆相切或相交；对应的代数形式是 $\dfrac{1}{\sqrt{\dfrac{1}{a^2}+\dfrac{1}{b^2}}} \leqslant 1$. 此不等式仅含参数 a 和 b.

老师说

两种理解，一种是得到了一个等式 $\dfrac{\cos\alpha}{a}+\dfrac{\sin\alpha}{b}=1$，一种得到的是仅含 a、b 的不等式，二者反映出来的思维水平是不一样的、有差距的.

第一种理解基本上是没有做深入的符合解析几何思维的思考，而是一种代入操作；第二种理解是从直线方程中看到了直线的几何特征，从动点 $(\cos\alpha,\sin\alpha)$ 得到了对应的轨迹，即单位圆 $x^2+y^2=1$，并在此基础上研究了两个几何对象之间的位置关系.

从做上面测试题的结果，你能否评价一下自己，对理解平面解析几何问题的思维方法，究竟掌握到什么程度了呢？

1. "动" 意味着什么？

如何理解平面解析几何问题与如何认识这门学科的研究对象有关. 平面解析几何的研究对象尽管是平面图形，如直线、圆及圆锥曲线，但是对这些平面图形的理解与平面几何中的平面图形的理解是不一样的.

比如，我们在初中就研究平面图形，但无论是三角形、四边形还是圆，都是把它们作为一个图形来研究，不太关心这个图形是怎么形成的. 但是在平面解析几何的学习中，无论是椭圆、双曲线还是抛物线，我们都是要知道这样的曲线是如何由动点运动形成的，它的运动的规律是什么，也就是它的几何特征是什么. 之后，在平面直角坐标系下依据动点运动的规律进行代数化，进而得到对应的曲线方程.

知识卡片

平面内与两个定点 F_1、F_2 的距离的和等于常数（大于 $|F_1F_2|$）的点的轨迹（或集合）叫做椭圆.

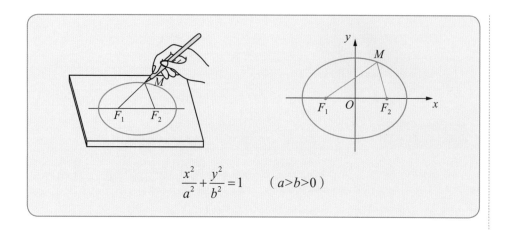

$$\frac{x^2}{a^2} + \frac{y^2}{b^2} = 1 \quad (a > b > 0)$$

在解析几何所研究的问题中，研究对象的出现有两种方式：

一种是曲线方程的形式，如椭圆 $\frac{x^2}{a^2} + \frac{y^2}{b^2} = 1$、双曲线 $\frac{x^2}{a^2} - \frac{y^2}{b^2} = 1$、抛物线 $y^2 = 2px$. 我们可以由方程的代数特征就知道它是什么样的图形.

还有一种方式是以动点的形式出现的，动点按照某种几何特征运动就会形成轨迹. 如 $M(\cos\alpha, \sin\alpha)$ 对应的几何对象是单位圆 $x^2 + y^2 = 1$.

显然，后者具有隐蔽性. 如果在你的思维中，感受不到这是一个动点，那你就可能看不到其对应的轨迹，就可能丢掉一个图形、一个研究对象了.

知识卡片

平面内与两个定点 F_1、F_2 的距离的差的绝对值等于常数（小于 $|F_1F_2|$ 且不等于零）的点的轨迹叫做双曲线.

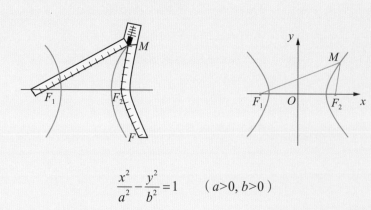

$$\frac{x^2}{a^2} - \frac{y^2}{b^2} = 1 \quad (a > 0, b > 0)$$

问题 1：如何理解点 $A(-m, 0)$、$B(m, 0)$（$m > 0$）呢？

如果你的回答是："这两个点在 x 轴上且关于原点 O 对称"，可以说这样的回答还缺少点解析几何的味道．这个"味道"是什么呢？从两个点的坐标我们可以看出，它们并不是确定的两个点，而是动点．

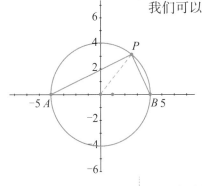

如果再加一个条件"$\angle APB = 90°$"，又该如何理解呢？

这里除了点 A、B 是两个动点，点 P 也是动点．为了理解问题的方便，先把点 A、B 看成是不动的点，则动点 P 的轨迹就清楚了，是以线段 AB 为直径的圆（不包含点 A、B）．但由于点 A、B 实际上是动点，因此这个圆是动圆，圆心不变，为坐标原点，但半径 m 的大小是变化的．

如果将上述条件进一步补充：已知圆 $C: (x-3)^2 + (y-4)^2 = 1$ 和点 $A(-m, 0)$、$B(m, 0)$，若圆 C 上存在点 P，满足 $\angle APB = 90°$．

如何理解这段话呢？

圆 C 是一个圆心为（3，4），半径为 1 的定圆，因为它是用圆的标准方程的形式给出的，很容易看出来．

"若圆 C 上存在点 P"这句话说的是关系，谈关系就至少是两个对象，除了圆 C，其他的研究对象是谁呢？根据前面的分析，我们知道是以原点为圆心，半径为 m 的动圆；条件"若圆 C 上存在点 P"告诉我们这两个圆有公共点，从位置关系的角度看，这两个圆由外切到相交再到内切．

> 之所以能有这样深刻的理解，是源于对动圆的认识．

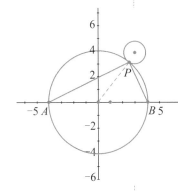 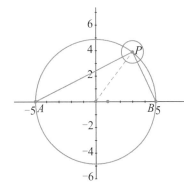 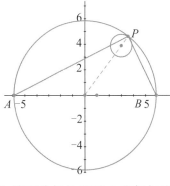

如果要解决的问题是"求 m 的最大值"，在前面分析的基础上我们知道点 P 实际上是定圆 C 上的动点、任一点，之前的动圆就可以像参数一样消掉了（见下页图）．这样问题的本质是：求在定圆 C 上的动点 P 到坐标原点距

离的最大值，这时点 P 就是坐标原点与圆心（3，4）的连线
并延长至与圆 C 的交点，答案是 6.

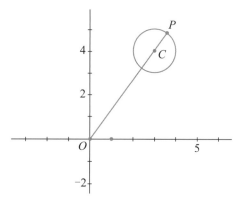

在解决问题的环节，我们更希望是在确定的背景下解决.
如上面例子中，我们最后实际上是借助定圆 C 解决了问题，
但是如果没有前面的动圆做铺垫，也就不可能将问题转化到
定圆 C 上.

敲黑板

总结一下前面的论述，我们不难看到，理解平面解析几何问题的时
候，对于研究对象首先要思考的是它的几何特征.

"动还是不动"是思维活动的切入点. 动的几何对象能够帮助我们理
解问题的情景是什么. 特别是针对动点，我们就要思考：它是怎么动的？
它的轨迹是什么？

很多时候我们的思维活动是被固化的. 也许之前对结论做过思考和研究，
但是一旦熟悉了、记住了，就以结论的形式固化了. 固化之后的知识就变成
了没有思维的知识，应用知识也许还可以，但通过知识进行思维训练的功能
就没有了. 因此我们在学习数学知识的过程中，始终要保持独立思考，坚持
用数学的思维方法思考问题和解决问题.

知识卡片

平面内与一个定点 F 和一条定直线 l（$F \notin l$）的距离相等的点的轨迹
叫做抛物线.

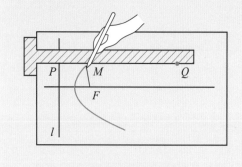

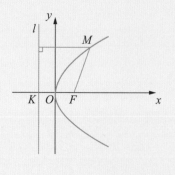

$$y^2 = 2px \, (p > 0)$$

问题 2：如何理解"平面内到点 $A(3，0)$ 的距离为 1 的直线"呢？

如果你的回答是："这样的直线是以点 $A(3，0)$ 为圆心，1 为半径的圆的切线"，我还要继续追问：你是怎么想到了这个圆的呢？

这句话要分两段理解："平面上到点 $A(3，0)$ 的距离为 1"说的是点，而且这样的点是动点，其轨迹是圆．平面内有了圆，再提到直线，其位置就是相对于圆来说了．直线与圆有 3 种位置：相离、相切及相交．符合题意的位置关系只能是相切．这样，平面内到点 $A(3，0)$ 的距离为 1 的直线就是以 $A(3，0)$ 为圆心，1 为半径的圆的切线．

同样，对"平面内到点 $A(3，0)$ 的距离为 1，到点 $B(0，4)$ 的距离为 2 的直线"的理解，可以看到两个圆：一个是以点 $A(3，0)$ 为圆心，1 为半径的圆；一个圆是以点 $B(0，4)$ 为圆心，2 为半径的圆，两圆是相离的位置关系．由题意得直线是这两个确定位置的圆的公切线（下图）．

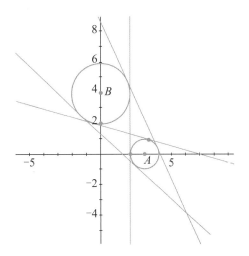

问题 3：圆 $C:(x-m)^2+(y-2m)^2=4$ 上，总存在两点到原点距离为 1，求 m 的取值范围．

分析：如何理解圆 $C:(x-m)^2+(y-2m)^2=4$ 这个条件呢？这是由曲线方程的形式给出的几何对象，思维的关注点应该是曲线方程的代数特征及对应几何对象的几何特征．从方程的代数特征知道，这是以点（m，$2m$）为圆心，2 为半径的一个圆．但这个圆不是确定的圆，而是圆心在直线 $y=2x$ 上运动的圆，只不过圆的半径不变．

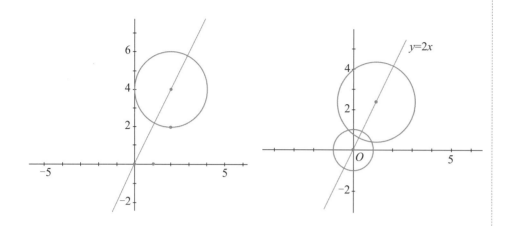

"总存在两点"是表达几何对象之间关系的．我们知道，谈关系一般是两个研究对象的问题，前者是圆 C，而后者是谁呢？

"到原点距离为 1"的含义是平面内到点（0，0）距离为 1 的点，而这样的点有无数多个，是动点，对应的轨迹是单位圆．这样就能够明白上述表述的是圆 C 与单位圆 $x^2+y^2=1$ 有两个公共点，是相交的位置关系．

在解析几何的研究中，如果研究对象的位置关系确定了，就可以用代数的形式表达，也就是可以代数化了．因为圆 C 与单位圆相交于两点，因此，圆心距大于半径差且小于半径和，从而可以求出 m 的取值范围．

具体代数化的过程是：

> 依据题意两圆相交，得 $1<\sqrt{m^2+4m^2}<3$，
>
> 解得 $\dfrac{1}{5}<m^2<\dfrac{9}{5}$，
>
> 故 $m\in\left(-\dfrac{3\sqrt{5}}{5}，-\dfrac{\sqrt{5}}{5}\right)\cup\left(\dfrac{\sqrt{5}}{5}，\dfrac{3\sqrt{5}}{5}\right)$．

问题 4：在平面直角坐标系 xOy 中，点 $A(0，3)$，直线 $l: y = 2x - 4$. 设圆 C 的半径为 1，圆心在 l 上. 若圆 C 上存在点 M，使 $MA = 2MO$，求圆心的横坐标 a 的取值范围.

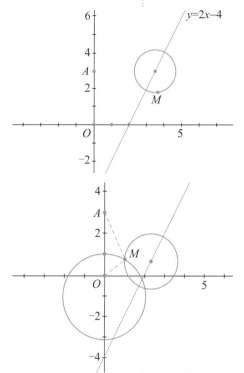

分析：由题意知，圆 $C:(x-a)^2+(y-2a+4)^2=1$，是圆心在直线 $l: y = 2x - 4$ 上的动圆，半径不变.

如何理解"若圆 C 上存在点 M，使 $MA = 2MO$"呢？

此时，点 A 与点 O 是定点，点 M 动点，那么，动点 M 的轨迹是什么？就是进一步思考问题的切入点了.

设点 $M(x, y)$，由 $MA = 2MO$ 得 $\sqrt{x^2+(y-3)^2}=2\sqrt{x^2+y^2}$，故 $x^2+(y+1)^2=4$. 因此，动点 M 的轨迹是以（$0，-1$）为圆心，2 为半径的定圆.

这样"若圆 C 上存在点 M，使 $MA = 2MO$"的含义也就清楚了：动圆 C 与定圆 $x^2+(y+1)^2=4$ 有公共点，是相交或相切的位置关系. 其对应的代数化为 $1 \leqslant \sqrt{a^2+(2a-3)^2} \leqslant 3$，解得：$a \in \left[0, \dfrac{12}{5}\right]$.

小 结

通过以上的讨论我们知道，运用平面解析几何的思维方法理解数学问题时，首先要思考问题中的几何对象是确定的还是不确定的. 运用动与不动的思维方法，就是从几何对象的几何特征进行分析的方法.

（1）如果是动点，就要进一步明确其运动的规律，也就是轨迹，动点运动的背后一定是一条曲线. 如果我们的头脑中没有动的思维，就有可能少了一条曲线.

（2）如果是含有参数的曲线方程，就要明确这样的曲线方程对应的是一条不确定的曲线，不确定性表现在曲线的类型或曲线的位置，这都是需要在解决问题的过程中掌握的.

简言之："动"是理解解析几何问题的切入点.

2. "不动" 的价值是什么呢?

问题 5: 过定点 $M(4, 2)$ 任作互相垂直的两条直线 l_1 和 l_2, 分别与 x 轴、y 轴交于 A、B 两点, P 为线段 AB 的中点, 求 $|PO|$ 的最小值.

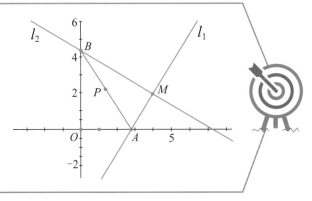

分析: 根据题意, 直线 l_1 和 l_2 的相互位置关系是确定的, 但这是两条互相垂直的动直线. 点 A、B 是动点, 线段 AB 的中点 P 为动点. 因此, 要求 $|PO|$ 的最小值就要知道动点 P 的轨迹.

点 P 的几何特征的分析要依据它所在的图形, 可知线段 AB 是直角 $\triangle AOB$ 和直角 $\triangle AMB$ 的公共斜边, 连接 PO 和 PM, 则 $|PO| = |PM| = \dfrac{1}{2}|AB|$, 即有 $|PO| = |PM| = |PA| = |PB|$, 点 P 是四边形 $OAMB$ 的外接圆的圆心.

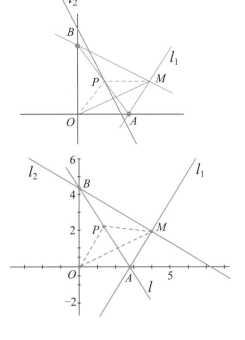

由于点 O 与点 M 是确定的点, 所以由 $|PO| = |PM|$ 可知, 动点 P 的轨迹是线段 OM 的中垂线 l. 因此, 当 OP 垂直 l 的时候, $|PO|$ 最小. 此时 $|PO| = \dfrac{1}{2}|OM| = \sqrt{5}$, 即 $|PO|$ 的最小值为 $\sqrt{5}$.

问题 6: 如何理解 "直线 $x + my = 0$ 与直线 $mx - y - m + 3 = 0$ 交于点 P"?

首先看直线方程 $x + my = 0$, 你一定发现这个方程含有参数 m. 随着 m 的变化, 方程所对应的直线还是一条确定的直线吗? 实际上是动的直线, 但是由于 $y = 0$ 的时候, $x = 0$ 对所有的参数 m 都成立, 所以点 $(0, 0)$ 的坐标满足这个直线方程, 也就是动直线 $x + my = 0$ 过定点 $A(0, 0)$; 同理, 动直线 $mx - y - m + 3 = 0$ 过点 $B(1, 3)$.

那么，两个方程所对应的直线之间的关系是什么呢？对于每一个参数 m 的值，都是两条相交的直线，但是如果从它们的方程不难分析得到，这是两条互相垂直的直线．

> **知识卡片**
>
> 两条直线垂直的条件
>
> l_1：$A_1x + B_1y + C_1 = 0$
>
> l_2：$A_2x + B_2y + C_2 = 0$
>
> $l_1 \perp l_1 \Leftrightarrow A_1A_2 + B_1B_2 = 0$

这样，"直线 $x + my = 0$ 与直线 $mx - y - m + 3 = 0$ 交于点 P"这个条件我们就可以理解为：过点 $A(0,0)$ 与 $B(1,3)$ 的两条互相垂直于点 P 的动直线．

此时你是不是发现了动点？对，就是点 P！

那么通过你的思维活动，就找到了研究问题的切入点，即进一步研究点 P 运动的轨迹是什么．

点 P 的轨迹是以线段 AB 为直径的圆上的动点．

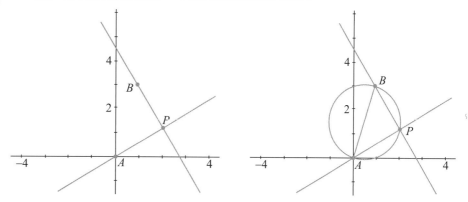

继续探索：在前面的条件下，如何求 $|PA| \cdot |PB|$ 的最大值呢？

分析：由于 $|PA|$ 和 $|PB|$ 都是变量，能不能让一个变而另一个不变呢？由前面的分析，我们已经知道 $\triangle ABP$ 是直角三角形，直角顶点 P 在圆周上动，$|PA| \cdot |PB|$ 的含义是直角 $\triangle ABP$ 面积的 2 倍．因为点 $A(0,0)$ 与 $B(1,3)$ 是确定的，这样我们就可以选线段 AB 当底，点 P 到直线 AB 的距离当高．则当高最大时直角 $\triangle ABP$ 的面积最大，此时最大的高就是圆的半径，即：

$$\left(|PA| \cdot |PB|\right)_{\max} = 2 \times \frac{1}{2}|AB| \cdot \frac{1}{2}|AB| = \frac{1}{2}|AB|^2 = \frac{1}{2}\left(\sqrt{1+9}\right)^2 = 5.$$

问题 7：已知点 $A(0，2)$、$B(2，0)$. 若点 C 在函数 $y=x^2$ 的图像上，则使得 $\triangle ABC$ 的面积为 2 的点 C 的个数为_____.

分析：用动与不动的思维去认识要解决的研究对象，我们不难发现点 A、B 是确定的点，函数 $y=x^2$ 的图像是确定的，$\triangle ABC$ 的面积是不变的，但是点 C 呢？显然，如果以线段 AB 作为 $\triangle ABC$ 的底的话，$\triangle ABC$ 的面积的确定并不能确定点 C 的位置.

因此，点 C 是动点. 那么，它是怎么动的呢？

设点 C 到直线 AB 的距离为 h，由 $|AB|=2\sqrt{2}$，得 $\frac{1}{2}\times 2\sqrt{2}\cdot h=2$，得 $h=\sqrt{2}$.

由此可知，点 C 的轨迹是到直线 AB 的距离为 $\sqrt{2}$ 的两条平行直线，由于坐标原点到直线 AB 的距离为 $\sqrt{2}$，所以其中一条直线是过坐标原点的.

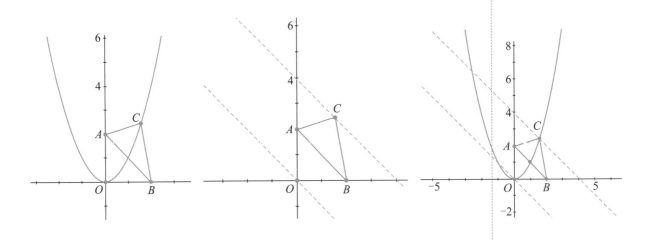

这样，函数 $y=x^2$ 的图像上有几个点能够满足 $\triangle ABC$ 的面积为 2 的问题就转化为这两条与直线 AB 平行的直线与函数图像有几个交点的问题，显然是 4 个.

小 结

知道了"动"，也就知道了"不动"．确定的几何对象是我们解决问题的最佳伙伴，一定要重视它，珍惜它的价值．

如在问题 6 中探索"求 $|PA| \cdot |PB|$ 的最大值"，由于 $|PA|$ 和 $|PB|$ 都是变量，并不好求出这个最大值，但是借助 $|PA| \cdot |PB|$ 是直角 $\triangle ABP$ 面积 2 倍的含义，将其转化为定线段 AB 与点 P 到直线 AB 的距离的乘积，就是把两个变量的问题转化为一个变量，这种转化的实现就是看到了点 $A(0，0)$ 与 $B(1，3)$ 是确定的．

简言之："不动"是解决解析几何问题的落脚点．

3. "动"中取静

有些时候，本来是"动"的几何对象，但是为了研究问题的方便，我们要把它理解成是不动的，目的是什么呢？我们来看下面的问题：

问题 8：在平面直角坐标系中，记 d 为点 $P(\cos\theta, \sin\theta)$ 到直线 $x - my - 2 = 0$ 的距离，当 θ、m 变化时，d 的最大值为_____．

分析：点 $P(\cos\theta, \sin\theta)$ 是动点，其轨迹是单位圆；直线 $x - my - 2 = 0$ 是过定点 $A(2，0)$ 的动直线；问题就转化为求单位圆上的动点 P 到动直线距离的最大值．为了理解问题的需要，先让这条动直线不动，也就是在某一个位置确定的直线，如图．我们不难得出，在单位圆上的动点 P 到这条直线的所有垂线中，只有过圆心的那条垂线段 PB 到这条直线 $x - my - 2 = 0$ 的距离是最长的．

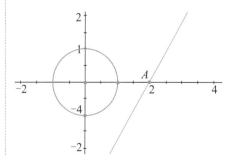
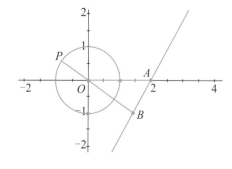

但是，由于直线 $x-my-2=0$ 是过定点 $A(2，0)$ 的动直线，所以，在前面假设它是确定直线的前提下，找到了动点 P 在单位圆上的相对位置．那么，这条直线过 $A(2，0)$ 动起来的时候，对于每一个确定的直线的位置，都有这样的点 P 符合题意；由于所有的这样的垂线段中，都包含了一段圆的半径 OP，因此，我们只需要关注线段 OB 何时是最大的．显然，$|OB| \leqslant |OA|$，若以线段 OA 为垂线段的一部分的话，此时是点 P 到直线 $x-my-2=0$ 的距离最大，由此也就确定了这条直线的位置，即过 $A(2，0)$ 且垂直于 x 轴的直线．这样，也就很容易得出 d 的最大值为 3.

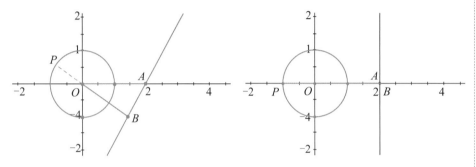

在上述思维过程中，你是不是能够体会到"动"与"不动"的奇妙之处呢？

我们再看一个问题：

问题 9：已知双曲线 $\dfrac{x^2}{a^2}-\dfrac{y^2}{b^2}=1$ 的右支上恰好有两点到 O（坐标原点）、F（右焦点）的距离相等，则双曲线的离心率 e 的取值范围是多少？

分析：离心率 $e=\dfrac{c}{a}$，在双曲线 $\dfrac{x^2}{a^2}-\dfrac{y^2}{b^2}=1$ 形状不确定的情况下，e 变也就是 a 和 c 都在变．为了研究问题的方便，可以把 c 看成是不变的．这样，右焦点 F 就是确定的点了．在这样理解的前提下，条件"到 O（坐标原点）、F（右焦点）的距离相等"就可以理解为到线段 OF 的两个端点的距离相等的动点，其轨迹是线段 OF 的中垂线，设其与 x 轴的交点为 M，方程是 $x=\dfrac{c}{2}$；"双曲线 $\dfrac{x^2}{a^2}-\dfrac{y^2}{b^2}=1$ 的右支上恰好有两点到 O（坐标原点）、F（右焦点）的距离相等"实际上就是该双曲线的右支与直线 $x=\dfrac{c}{2}$ 相交于两点．

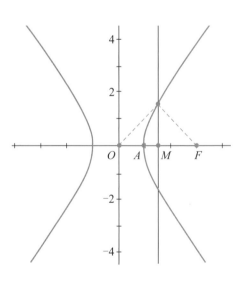

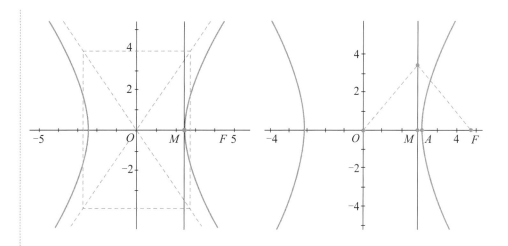

由于 a 变，对应的就是双曲线右支的顶点 A 在动，它动的范围是什么呢？显然，点 A 在坐标原点的右边，如果点 A 向右运动，相对于点 M 来说，要么在点 M 的左边，要么与点 M 重合或在点 M 的右边．只有在点 M 的左边符合题意，故点 A 的位置就确定了，在坐标原点与点 M 之间，对应的代数化为 $0 < a < \dfrac{c}{2}$，也就是 $\dfrac{c}{a} > 2$，故离心率 e 的取值范围是（2，+∞）．

问题 10： 已知线段 $AB=8$，点 C 是线段 AB 上一定点，且 $AC=2$，P 为 CB 上一动点，设点 A 绕点 C 旋转后与点 B 绕点 P 旋转后交于点 D．记 $CP=x$，$\triangle CPD$ 的面积为 $f(x)$．则 $f(x)$ 的定义域为_____．$f'(x)$ 的零点是_____．

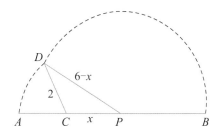

分析：根据题意，$\triangle CPD$ 的三条边分别是 2，x 和 $6-x$．根据"两边之和大于第三边"求得 $f(x)$ 的定义域为（2，4）．

$f'(x)$ 的零点的含义是函数 $f(x)$ 取极大值或极小值时的自变量，也就是 $\triangle CPD$ 的面积取极大值或极小值时的自变量，从几何的角度来理解，$\triangle CPD$ 的形状是变化的，具体来说就是点 D 与点 P 在动．在解决问题的时候研究对象如果有两个是变量，我们并不好解决问题．由于是解决 $\triangle CPD$ 面积的极值问题，而 $|CD|=2$，就可以把线段 CD 作为三角形的底，这样点 D 就可以理解为是不动的了．如此，我们就聚焦在 P

点上：它是如何运动的？对应的轨迹是什么？

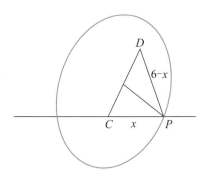

谁引起了点 P 的运动呢？是 x 和 $6-x$ 的变化引起了点 P 的运动，而 x 和 $6-x$ 的关系是和为 6，又 $|CD|=2$，如果不考虑 $x \in (2，4)$ 的话，点 P 的轨迹就是以 C、D 为焦点的椭圆，在标准位置的时候，我们可以写出其椭圆方程.

这样我们对问题的理解就是：相当于是一个形状相同的椭圆，绕着焦点 C 旋转，在直线 AB 上划过了一段，形成了区间（2，4）.

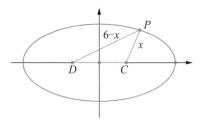

如何求 $\triangle CPD$ 面积的极值呢？按理说，$|PC|=2$ 或 $|PC|=4$ 时，$\triangle CPD$ 底边 CD 上的高最小，面积应该有极小值（也就是最小值），但是由于是开区间（2，4），$|PC|$ 取不到 2 或 4，因此，$\triangle CPD$ 的面积没有极小值；但是在 $x \in (2，4)$ 的过程中，一定能够取到最大的高，即点 P 在椭圆短轴端点处的时候，此时 $x=6-x$，也就是 $x=3$ 的时候，$\triangle CPD$ 面积取极大值（也就是最大值）. 故 $f'(x)$ 的零点是 $x=3$.

老师说

在上述分析的过程中，本来点 D 是"动"点，但是我们有充分的理由可以把它理解成是"不动"的；本来椭圆不是标准位置的椭圆，但是在解决问题的思维活动中，可以把歪着的椭圆理解成我们习惯的标准位置的椭圆.

你是不是体会到了"动"中取静的感觉了呢？

如何让思维"动"起来：
在运动变化中思考问题

这一节，我们从三角形这一个大家最熟悉，也是最简单的平面图形开始，讲一讲如何用运动变化的观点来理解问题、研究问题.

思 考 已知△ABC，点 D 沿着 BC 边移动，相应的线段 AD 随着 D 点的移动在△ABC 内移动，那么，线段 AD 与△ABC 是什么关系呢？

我们先观察 ∠ADB：随着点 D 由点 B 运动到点 C，∠ADB 的顶点 D 的位置发生了变化，∠ADB 由钝角最终变成锐角. 那么在这个连续的运动变化过程中，你有没有更深入的思考呢？

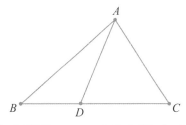

在某一时刻，一定会得到 ∠ADB = 90°. 而这个时候，线段 AD 与△ABC 的边 BC 是一种什么样的位置关系呢？是垂直关系. 我们把这一时刻看成是过△ABC 的顶点 A 作边 BC 的垂线段 AD，这条线段叫做△ABC 的 BC 边上的高.

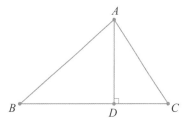

我们再回到运动中的 D 点：它可以在线段 BC 上的任何一个位置停留，而且，在任何一个位置上都对应着一条线段 AD，比如刚才的高就是其中的一条线段．那么，D 点在线段 BC 上有没有特殊的位置呢？我们知道，线段 BC 的中点比较特殊，这个时候对应的线段 AD 叫做 $\triangle ABC$ 的边 BC 上的中线．

如果从图形的整体看，当点 D 从点 B 移动到点 C 的过程中，线段 AD 就把 $\triangle ABC$ 分成了两个三角形，即 $\triangle ABD$ 和 $\triangle ADC$，这两个三角形的形状随着线段 AD 的移动发生着变化．那么，有没有不变的关系呢？这两个三角形的高是同一个，都是过顶点 A 所作的边 BC 的垂线段，如果从两个三角形的面积来看的话，$\triangle ABD$ 和 $\triangle ADC$ 面积的比等于线段 BD 与 DC 的长度之比．如果点 D 是边 BC 的中点，AD 此时是 $\triangle ABC$ 边上的中线，则 $\triangle ABD$ 和 $\triangle ADC$ 面积相等．

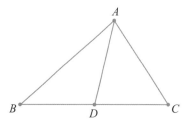

我们还是让点 D 在 BC 边上运动．随着线段 AD 的移动，观察 $\angle BAD$ 与 $\angle DAC$ 的关系，你就会发现，当点 D 由 B 点运动到 C 点的时候，也就是线段 AD 由边 AB 移动到 AC 的时候，$\angle BAD$ 由小变大，$\angle DAC$ 由大变小．那么你可能就会想了，有没有可能 $\angle BAD = \angle DAC$ 呢？如果能相等，你会解释其中的道理吗？

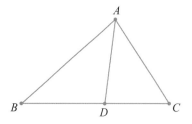

我们可以做一个差 α：$\alpha = \angle BAD - \angle DAC$，在点 D 由 B 点移动到 C 点的过程中，开始的时候 $\angle BAD < \angle DAC$，这个差 $\alpha < 0$；但当点 D 移动了一段时间之后，$\angle BAD > \angle DAC$，差 $\alpha > 0$；由于这个变化过程是连续的，因此，α 是由负值连续变化到了正值，因此，一定在某一时刻有 $\alpha = 0$，此时就是 $\angle BAD = \angle DAC$．这个时候的线段 AD 就是 $\angle BAC$ 的角平分线了．

想一想，这个思考过程与你学习过的高线、中线、角平分线有什么不同？

以上，我们对于△*ABC* 的 3 条非常重要线段高线、中线、角平分线的理解不是静态的，而是从线段 *AD* 在运动变化的过程中去认识这 3 条线段的，这种在连续运动变化的背景下思考问题的方法在数学学习中非常重要．

下面，我们就用这样的思维方法理解、分析、解决几个问题，尝试一下这种思维方法会不会给你的数学学习带来乐趣．

问题 1：在平面直角坐标系 *xOy* 中，*O* 为坐标原点，设函数 $f(x)=k(x-2)+3$ 的图像为直线 *l*，且 *l* 与 *x* 轴、*y* 轴分别交于 *A*、*B* 两点，给出下列四个命题：

① 存在正实数 *m*，使△*AOB* 的面积为 *m* 的直线 *l* 仅有一条；

② 存在正实数 *m*，使△*AOB* 的面积为 *m* 的直线 *l* 仅有两条；

③ 存在正实数 *m*，使△*AOB* 的面积为 *m* 的直线 *l* 仅有三条；

④ 存在正实数 *m*，使△*AOB* 的面积为 *m* 的直线 *l* 仅有四条．

其中所有真命题的序号是（　　）．

A. ①②③　　　B. ③④　　　C. ②④　　　D. ②③④

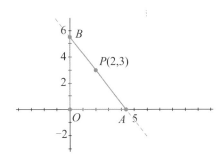

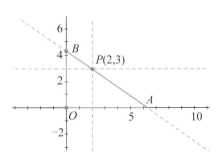

分析：从函数 $f(x)=k(x-2)+3$ 的解析式可知其图像是过 *P*（2，3）点的动直线 *l*，且 *l* 与 *x* 轴、*y* 轴分别交于 *A*、*B* 两点得△*AOB*，显然这是直角顶点为 *O* 的直角三角形；让直线 *l* 绕着点 *P*（2，3）顺时针转动，Rt△*ABO* 分别在第一象限、第四象限和第二象限；为了解决谁是真命题的问题，就需要思考在每一个象限内的 Rt△*ABO* 的面积的取值范围是多少．

我们先分析第一象限：先让过点 *P*（2，3）的直线 *l* 垂直于 *x* 轴，此时可以理解为 Rt△*ABO* 的面积为正无穷，之后逆时针旋转，Rt△*ABO* 的面积开始减小，但减小到一定程度，就又开始增大了，一直到正无穷．因此，可以把面积值的变化理解为函数值的变化，这个函数的变化状态是先减后增，因而 Rt△*ABO* 的面积有最小值，设最小值 $m=12$．

那么，对于任意给定的正数 *m* 来说，当 $m>12$ 的时候，使得 Rt△*ABO* 的面积为 *m* 的直线 *l* 有 2 条，其中，一条是出现在面积值由大到小的变化

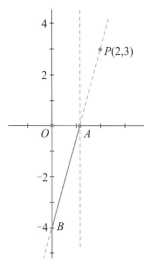

过程中，另外一条出现在面积值由小到大的过程中；当 $m=12$ 时，有一条直线 l 满足题意，此时直线 l 和坐标轴所围成的 $\mathrm{Rt}\triangle ABO$ 的面积最小；当 $0<m<12$ 时，没有使得 $\mathrm{Rt}\triangle ABO$ 的面积为 m 的直线 l 存在．

如果 $\mathrm{Rt}\triangle ABO$ 在第四象限，先让过点 $P(2，3)$ 的直线 l 垂直于 x 轴，再顺时针移动这条直线，一直到过坐标原点 O，对应的 $\mathrm{Rt}\triangle ABO$ 的面积有正无穷到 0．因此，对于任意给定的正数 m 来说，都会有一条直线 l 使得 $\mathrm{Rt}\triangle ABO$ 的面积为

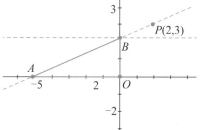

m；同理，如果 $\mathrm{Rt}\triangle ABO$ 在第二象限，也是对于任意给定的正数 m 来说，会有一条直线 l 使得 $\mathrm{Rt}\triangle ABO$ 的面积为 m．

因此，存在正实数 m，使 $\triangle AOB$ 的面积为 m 的直线 l 仅有两条、三条或四条，答案选 D．

问题 2：点 P 在直线 $l:y=x-1$ 上，若存在过 P 的直线交抛物线 $y=x^2$ 于 A、B 两点，且 $|PA|=|AB|$，则称点 P 为"$\Re$ 点"，那么下列结论中正确的是（　　）．

A. 直线 l 上的所有点都是"$\Re$ 点"

B. 直线 l 上仅有有限个点是"$\Re$ 点"

C. 直线 l 上的所有点都不是"$\Re$ 点"

D. 直线 l 上有无穷多个点（但不是所有的点）是"$\Re$ 点"

分析：问题涉及的研究对象是抛物线 $y=x^2$ 与直线 $l:y=x-1$，它们之间的位置关系是相离．要解决的问题是过直线 $l:y=x-1$ 的一点 P 做抛物线的割线，被截得的两条线段 $|PA|$ 和 $|AB|$ 是相等的．满足题意的割线是确定的，但是否存在这样的割线，就需要我们从运动变化的角度去分析．为此，我们过直线 $l:y=x-1$ 的任意点 P 做抛物线 $y=x^2$ 的切线 m，切点为 A（或 B），由于直线 $l:y=x-1$ 与抛物线 $y=x^2$ 是相离的位置关系，这一点是可以保证

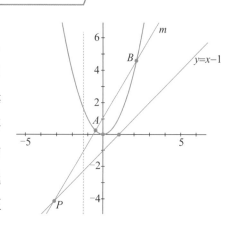

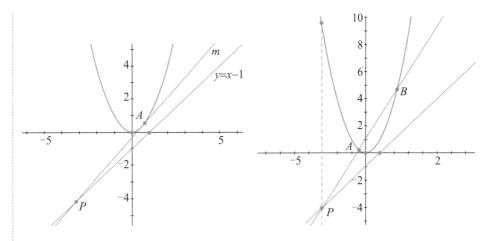

的，从数量关系看，$|PA| > |AB| = 0$；旋转直线 m，它由切线变为割线，$|AB|$ 连续变大，直至无穷，也就是说，从某一时刻起，一定会有 $|PA| < |AB|$，因此，可以说总有某一个位置能使得 $|PA| = |AB|$．如果我们从代数的角度来刻画，也许能更理性表达这个结果．设函数 $y = |PA| - |AB|$，随着直线 m 的旋转，函数值从 $y > 0$ 连续变化到 $y < 0$，函数 $y = |PA| - |AB|$ 可以理解为是单调递减函数，因此，这个函数一定有零点，即 $y = 0$，此时，就是 $|PA| = |AB|$ 的时候．故直线 l 上的所有点都是"$\Re$ 点"，答案选 A.

问题 3：点 A 在抛物线 $y^2 = 2px(p>0)$ 上，若存在点 B、C 在 $y^2 = 2px(p>0)$ 上使得 $\triangle ABC$ 为以 A 为直角顶点的等腰直角三角形，则称点 A 为"$\wp$ 点"，那么下列结论中正确的是（　　）．

A. 抛物线 $y^2 = 2px(p>0)$ 上的所有点都是"$\wp$ 点"

B. 抛物线 $y^2 = 2px(p>0)$ 上仅有有限个点是"$\wp$ 点"

C. 抛物线 $y^2 = 2px(p>0)$ 上的所有点都不是"$\wp$ 点"

D. 抛物线 $y^2 = 2px(p>0)$ 上有无穷多个点（但不是所有的点）是"$\wp$ 点"

　　分析：问题的背景是开口向右的抛物线，需要满足的条件是："存在点 B、C 在 $y^2 = 2px(p>0)$ 上使得 $\triangle ABC$ 为以 A 为直角顶点的等腰直角三角形"，问这样的抛物线上的点 A 的个数.

由于等腰直角三角形需要满足两个条件：垂直和相等，为了研究问题的方便，我们首先满足一个条件，比如先满足垂直，即 $\triangle ABC$ 的 $\angle A$ 是直角，再研究是否能够得到 $|AB|=|AC|$.

因为抛物线 $y^2=2px(p>0)$ 关于 x 轴对称，若抛物线的顶点 O 作为直角顶点，一定存在满足条件的等腰直角三角形；以下讨论我们只需考虑 $\triangle ABC$ 的顶点 A 在 x 轴上方的抛物线上.

令直线 $AB\perp x$ 轴，则直线 $AC /\!/ x$ 轴，换句话说，此时直线 AC 与 $y^2=2px(p>0)$ 没有交点，然后绕着直角顶点 A 逆时针旋转 $\angle BAC$，此时，直线 AC 与抛物线相交于点 C，线段 AB 的长度在增加，而线段 AC 的长度在减小，当点 A 与点 C 重合的时候，也就是直线 AC 与抛物线相切的时候，线段 AC 的长度为 0.

如果把上述过程用代数的形式表达，设函数 $y=|AB|-|AC|$，则开始旋转的时候，$|AC|>|AB|$，$y<0$；但到了某一个位置之后，$|AC|<|AB|$，$y>0$，由于函数的几何背景是连续变化的 $\angle BAC$，可以理解为是单调递增函数，所以，函数值 y 由负变正，一定是经过了 0，此时就是 $|AB|=|AC|$ 的时候.

我们也可以换一个角度研究这个问题，就是先满足 $|AB|=|AC|$，研究存在直角的可能：以抛物线上的任意点 A 为圆心，任意长为半径 r 做圆，与 $y^2=2px(p>0)$ 交于 B、C 两点，显然，$|AB|=|AC|$，当 r 由小变大变化的时候，$\angle BAC$ 经历了由钝角到锐角的过程，因此，一定在某一个半径 r 的时候，$\angle BAC$ 为直角. 此时得等腰直角 $\triangle ABC$. 答案选 A.

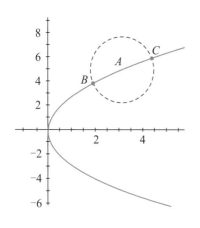 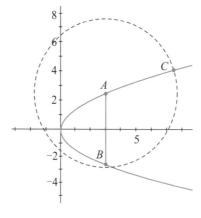 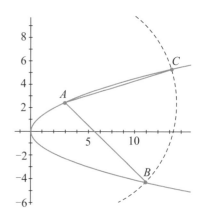

问题4: 已知点 P 是椭圆方程 $\dfrac{x^2}{4}+y^2=1$

上 的 动 点，M、N 是 直 线

$l:y=x$ 上的两个动点，且满足

$|MN|=t$，则

① 存在实数 t 使 $\triangle MNP$ 为正

三角形的点 P 恰有一个;

② 存在实数 t 使 $\triangle MNP$ 为正三角形的点 P 恰有两个;

③ 存在实数 t 使 $\triangle MNP$ 为正三角形的点 P 恰有三个;

④ 存在实数 t 使 $\triangle MNP$ 为正三角形的点 P 恰有四个;

⑤ 存在实数 t 使 $\triangle MNP$ 为正三角形的点 P 有无数个;

上述命题中正确命题的序号是_____.

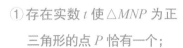

分析：这个问题是以椭圆为背景．正 $\triangle MNP$ 的三个顶点是动点，从位置上看，点 P 在椭圆 $\dfrac{x^2}{4}+y^2=1$ 上，而点 M、N 在直线 $l:y=x$ 上．因为直线 l 过椭圆的对称中心，所以我们只需要研究一半，即直线 l 的一侧的椭圆即可．为了研究问题的方便，我们可以先假设 MN 的长度 t 不变，关注动点 P 的轨迹．点 P 是正 $\triangle MNP$ 的顶点，所以，点 P 到直线 $l:y=x$ 的距离 d 就是正 $\triangle MNP$ 的高，$d=\dfrac{\sqrt{3}}{2}t$．因此，动点 P 的轨迹是与直线 $l:y=x$ 平行且距离为 $\dfrac{\sqrt{3}}{2}t$ 的两条平行线，这两条平行线与椭圆 $\dfrac{x^2}{4}+y^2=1$ 的交点个数就与 t 的取值有关了，设其中一条平行于直线 l 的直线为 m，则随着 t 的取值由小到大变化，直线 m 与椭圆的交点个数是两个、一个或零个，根据椭圆的对称性可知：存在实数 t 使 $\triangle MNP$ 为正三角形的点 P 恰有四个、两个．上述命题中正确命题的序号是②④．

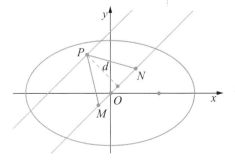
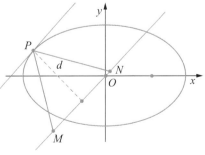
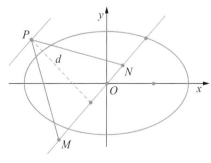

问题 5：已知椭圆 $C: \dfrac{x^2}{a^2} + \dfrac{y^2}{b^2} = 1$ 的焦点为 F_1、F_2，若点 P 在椭圆上，且满足 $|PO|^2 = |PF_1| \cdot |PF_2|$（其中 O 为坐标原点），则称点 P 为 "＊点"，则此椭圆上的 "＊点" 有（　　）个.

A. 0　　　　B. 1　　　　C. 2　　　　D. 4

分析：根据椭圆的对称性，只需研究在第一象限及 x 轴、y 轴的正半轴即可. 我们让点 P 动起来，从椭圆的右顶点 A_2 沿着在第一象限的椭圆逆时针运动到上顶点 B_2，并设函数 $y = |PO|^2 - |PF_1| \cdot |PF_2|$：

当点 P 在右顶点 A_2 时，$|PO| = a$，$|PF_1| = a + c$，$|PF_2| = a - c$，

所以，$y = |PO|^2 - |PF_1| \cdot |PF_2| = a^2 - (a+c)(a-c) = a^2 - (a^2 - c^2) = c^2 > 0$；

当点 P 在上顶点 B_2 时，$|PO| = b$，$|PF_1| = |PF_2| = a$，

所以，$y = |PO|^2 - |PF_1| \cdot |PF_2| = b^2 - a^2 = -c^2 < 0$.

这样，我们就可以断定，点 P 在从椭圆的右顶点 A_2 沿着在第一象限的椭圆逆时针运动到上顶点 B_2 的过程中，一定在某一时刻，对应的函数 $y = 0$，此时，就是满足 $|PO|^2 = |PF_1| \cdot |PF_2|$ 的时候，根据椭圆的对称性可知，此椭圆上的 "＊点" 有 4 个.

老师说

通过上述问题的思考过程，你是不是体会到了在运动变化的过程中理解问题、思考问题的乐趣了呢？思维就是一种活动的过程，如果我们能让研究对象活动起来，这样状态下的思维活动会更有效、更有价值.

你的思维会"换频道"吗？
——代数思维与几何思维

在解决一个具体的数学问题的时候，如何理解问题的主体（即研究对象）十分重要．这个时候，你是用代数的眼光看待还是用几何图形的视角观察，实际上就是在选择思维方式．选择从抽象的代数思维角度去思考这个问题还是选择以图形为主要形式的几何思维去理解这个问题？这有点像我们看电视的时候换频道．当然，遥控器在你的手里．

问题 1. 满足条件 $AB=2$，$AC=\sqrt{2}BC$ 的 $\triangle ABC$ 的面积的最大值是多少？

代数思维

用函数的观点理解本题：$\triangle ABC$ 的 BC 边长的变化引起其面积的变化，因此，$\triangle ABC$ 的面积是 BC 边长的函数．

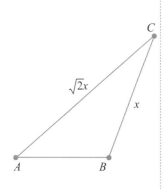

设 $BC=x$，则 $AC=\sqrt{2}x$，

根据面积公式得：

$$S_{\triangle ABC}=\frac{1}{2}AB\times BC\sin B=x\sqrt{1-\cos^2 B}，$$

根据余弦定理得：$\cos B=\dfrac{AB^2+BC^2-AC^2}{2AB\times BC}=\dfrac{4+x^2-2x^2}{4x}=\dfrac{4-x^2}{4x}$，

代入上式得 $S_{\triangle ABC}=x\sqrt{1-\left(\dfrac{4-x^2}{4x}\right)^2}=\sqrt{\dfrac{128-\left(x^2-12\right)^2}{16}}$，

由三角形三边关系有 $\begin{cases}\sqrt{2}x+x>2 \\ x+2>\sqrt{2}x\end{cases}$ 解得 $2\sqrt{2}-2<x<2\sqrt{2}+2$,

故当 $x^2=12, x=2\sqrt{3}$ 时 $S_{\triangle ABC}$ 取最大值 $\sqrt{\dfrac{128}{16}}=2\sqrt{2}$.

几何思维

上面用函数的思维理解问题是把最值问题的产生归结为线段 BC 长度的变化，也就是以 BC 长度为函数的自变量，$\triangle ABC$ 的面积值为因变量.

我们换一个频道，换一个角度重新认识 $\triangle ABC$ 面积的最大值问题.

$\triangle ABC$ 的面积值的变化是图形的变化，边 $AB=2$，点 A、B 是定点，因此，图形的变化可以理解为是由于动点 C 的运动变化引起的. 如此，我们就需要知道动点 C 是按照什么样的规律来运动的，形成了什么样的轨迹，这就是平面解析几何的问题了，就需要用平面解析几何的思维来理解并解决这个问题.

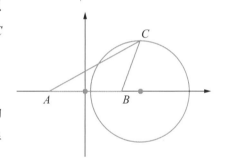

为此，我们需要建立以 AB 所在直线为 x 轴，以线段 AB 中点为坐标原点的直角坐标系，如图所示. 设 $C(x, y)$，则由 $\triangle ABC$ 的顶点 C 到另两点 $A(-1, 0)$、$B(1, 0)$ 的距离之比为 $\sqrt{2}$，得

$(x+1)^2+y^2=2[(x-1)^2+y^2]$,

即 $(x-3)^2+y^2=8$，此方程表明动点 C 是在一个圆周上运动的，如图所示. 因而点 $C(x, y)$ 到 x 轴的距离最大值就是圆的半径 $2\sqrt{2}$，所以 $\triangle ABC$ 的面积的最大值为 $\dfrac{1}{2}\times 2\times 2\sqrt{2}=2\sqrt{2}$.

通过这两种不同的方法，你是不是体会到了思维方式的不同了呢？

> 问题 2：直线 $\sqrt{2}ax+by=1$ 与圆 $x^2+y^2=1$ 相交于 A、B 两点（其中 a、b 是实数），且 $\triangle AOB$ 是直角三角形（O 是坐标原点），求点 $P(a,b)$ 与点 $(0,1)$ 之间距离的最大值.

代数思维

如图，如果把点 $P(a, b)$ 与点 $(0, 1)$ 之间距离 $d=\sqrt{a^2+(b-1)^2}$ 理解为某一个变量的函数，那么就需要找到 a、b 这两个变量之间的关系.

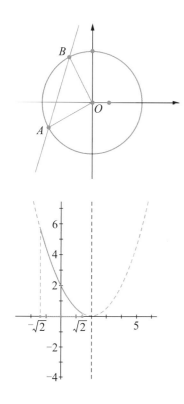

依据条件"直线 $\sqrt{2}ax+by=1$ 与圆 $x^2+y^2=1$ 相交于 A、B 两点（其中 a、b 是实数），且 $\triangle AOB$ 是直角三角形（O 是坐标原点）"所表达出来的几何特征，不难看出：$\triangle OAB$ 是等腰直角三角形，$|OA|=|OB|=1$，$|AB|=\sqrt{2}$，因此，圆心（0，0）到直线 $\sqrt{2}ax+by=1$ 的距离为 $\dfrac{\sqrt{2}}{2}$，即 $\dfrac{1}{\sqrt{2a^2+b^2}}=\dfrac{1}{\sqrt{2}}$，整理得：$a^2+\dfrac{b^2}{2}=1$.

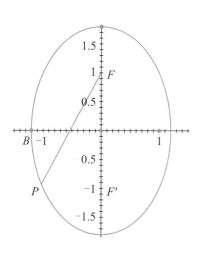

由 $a^2=1-\dfrac{b^2}{2}\geqslant 0$，得 $b\in[-\sqrt{2},\sqrt{2}]$，

且 $d^2=a^2+(b-1)^2=\dfrac{b^2}{2}-2b+2=\dfrac{1}{2}(b-2)^2$，

这是关于 b 的二次函数，$b\in[-\sqrt{2},\sqrt{2}]$. 所以，当 $b=-\sqrt{2}$ 时，d 有最大值为 $\sqrt{2}+1$.

上述对问题的分析与理解是建立在函数的思维模式上的，是将点 $P(a,b)$ 与点（0，1）之间距离的最大值转化为函数的最值问题.

几何思维

如果是用平面解析几何的思维来看待这个问题，那么就需要关注 $P(a,b)$ 这个动点运动的规律了. 实际上仍然是 a、b 这两个变量之间的关系，只不过身份发生了变化，是动点的横、纵坐标之间的关系，也就是动点运动所需要满足的方程 $f(a,b)=0$.

由 $\dfrac{1}{\sqrt{2a^2+b^2}}=\dfrac{1}{\sqrt{2}}$ 得 $a^2+\dfrac{b^2}{2}=1$，表明 $P(a,b)$ 满足方程 $x^2+\dfrac{y^2}{2}=1$，也就是点 $P(a,b)$ 在椭圆 $x^2+\dfrac{y^2}{2}=1$ 运动. 从椭圆 $x^2+\dfrac{y^2}{2}=1$ 知，定点（0，1）正好是该椭圆的一个焦点，因此，椭圆 $x^2+\dfrac{y^2}{2}=1$ 上的动点 $P(a,b)$ 到焦点（0，1）的距离在 P 移动到下顶点时取最大值，即为 $\sqrt{2}+1$.

敲黑板

　　上述两种截然不同的方法，源于对问题的理解方式不同，是理解问题的切入点的差异．代数思维与几何思维最大的区别在于，前者从变量的角度看待研究对象，而后者是从问题的几何情景中找到动点，进而分析出运动轨迹．

小　结

　　综上，我们通过解决以上问题的思维过程可以看到：

　　运用几何思维时，对于数学问题的研究对象的探索是依托其对应的几何图形展开的，可以帮助我们直观地理解要解决的数学问题；

　　运用代数思维时，对于数学问题的研究对象的探索是依托其内在的数量关系展开的，是对数学问题本质的思考，利于我们的抽象概括能力的提高．

　　两种思维方式都很重要，就好像我们的大脑有两个频道那样，可以随时转换去思考同一个数学问题，使得我们对数学问题的认识更全面、深刻，同时你也会体会到思维活动所蕴含的无穷的乐趣．

02
方法篇

你会研究平面图形吗?

以圆为例谈几何学的学习

在中学阶段,几何学是最为重要的学习内容之一.从七年级开始的平面几何到高中的立体几何,都属于欧氏几何.平面解析几何尽管是用代数方法研究几何对象的学科,但是,由于研究对象仍然是几何图形,所以在研究内容与方法上具有一致性.

从整体上来认识平面几何、立体几何、解析几何,可以帮助我们更好地理解这门学科,学好几何学.除了研究对象所具有的共性即它们都是几何对象之外,研究内容的一致性和研究方法的一般性,决定了这三门不同的分支学科在几何学知识体系中的整体性,构建了具有共性的知识的内在逻辑关系.

如何理解上面的这段话呢?通过学习几何学你会逐步感受到,由于这门学科的研究对象是平面图形或空间几何体,因此,研究平面图形或空间几何体的几何特征是我们进行几何学研究重要的内容.

欧几里得
古希腊数学家.以其所著的《几何原本》闻名于世.欧几里得将公元前 7 世纪以来希腊几何积累起来的丰富成果整理在严密的逻辑系统之中,使几何学成为一门独立的、演绎的科学.欧氏几何是由欧几里得创始的,主要指以欧几里得平行公理为基础的几何学.

敲黑板

什么是几何特征呢?实际上,几何特征的内涵包括两个方面:

(1)平面图形或空间几何体自身的几何性质,例如我们在平面几何中要研究三角形的边与角,要研究平行四边形的性质,圆的性质;在立体几何的学习中,我们要研究空间几何体的几何特征;在平面解析几何的学习中，我们在建立曲线方程之前，也要分析几何对象的几何特征．

（2）不同平面图形或空间几何体之间的相互位置关系．例如无论是平面几何还是平面解析几何，我们都会研究直线与圆的位置关系，只不过研究的方法不同；在立体几何的学习中，我们也会研究不同空间几何体的关系，如正方体与正四面体是什么关系等．

依据几何学的研究内容我们不难看出，无论是九年义务教育阶段的平面几何对平面图形的研究，还是高中阶段的立体几何对空间图形的研究，包括平面解析几何对于几何对象的研究，都是通过研究几何对象的几何特征展开的．

如何从几何学的知识体系整体认识九年义务教育阶段的"图形与几何"的学习呢？依据几何学的观点，几何学是研究图形的性质及不同图形之间相互的位置关系的．为了从学科知识整体性的角度梳理这些学习内容，找到这些知识之间的逻辑关系，我们以"圆"为主线来分析其中的逻辑关系，在这个专题中，我们会从平面几何的圆延伸到平面解析几何的圆，从跨学段的学习中，去感受几何学研究的逻辑脉络．

九年级"圆"的知识内容从教科书的安排看分四个小节：圆的有关性质；点和圆、直线和圆的位置关系；正多边形和圆以及弧长和扇形面积公式．在这些知识的背后隐藏的逻辑关系是什么呢？

我们首先看下面的一张有关圆的知识结构图：

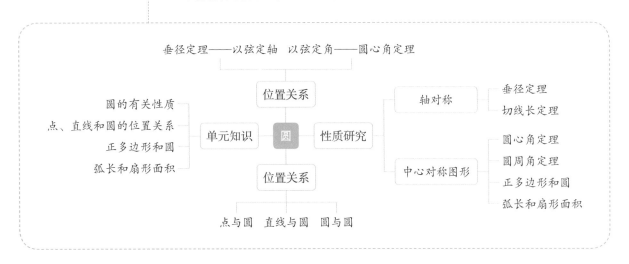

按照几何学的研究内容，首先要研究圆的几何性质，也就是教科书"圆"这一章的第一节的教学内容．随着教学内容的展开，知识发展的逻辑主线向两个方面交叉着进行：一个方面是圆的性质的研究，一个方面就是和圆有关的位置关系的研究．

我们先看第一个方面：圆的性质分轴对称性质和中心对称图形性质，对于这两个性质的学习是分散在全章内容的 4 个小节之中，其中圆的轴对称是通过圆的垂径定理和切线长定理来刻画的，尽管这两个定理分别在不同的小节中，但是这两个定理本质上的一致性是明确的．我们在学习切线长定理的时候，要能够结合前面所学习的垂径定理，用联系变化的观点，深刻理解圆的这种轴对称性；同样，圆心角定理、圆周角定理、正多边形与圆及弧长公式，都是在刻画圆的中心对称图形性质（或旋转对称性质）．

另一个方面，就是要研究不同几何元素与圆的位置关系．点和圆、直线和圆、圆与圆的位置的研究就是在这样的几何学科知识体系下展开的．所谓的"以弦定轴"，就是通过垂径定理告诉我们，圆的某条确定的弦的中垂线也就是圆的对称轴，弦确定，圆的对称轴也就确定了．这个事实是在论述圆和直线形图形之间的位置关系．同样，所谓的"以弧定角"，也是通过圆心角与其所对的弧之间的关系，明确了直线形图形与圆的位置关系．

老师说

> 同学们，通过以上的分析可以看出，尽管圆这一章的内容看起来很繁杂，要研究的问题很多，但是，如果从几何学的知识体系的整体角度去理解，就能够找到隐藏其中的知识的逻辑脉络，为我们学好圆进而学好平面几何提供了理性的依据和实现的有效途径．

1. 圆的概念

研究一个几何图形的时候，首先要关注这个图形的确定性问题．如：两点确定一条直线；不共线的三点确定一个三角形．那么如何确定一个圆呢？正如圆的定义所告诉我们的那样："在一个平面内，线段 OA 绕着它固定的一个端点 O 旋转一周，另一个端点 A 所形成的图形叫做圆．"定点 O 也就是圆心确定了圆的位置，定线段长也就是半径确定了圆的大小．如此，就从位置

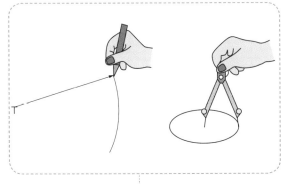

关系和数量关系上确定了圆.

为了让我们进一步地理解圆的内涵，教科书设计了一个动手画圆的过程.通过这个过程，我们首先从整体上感受到圆是一个点的集合.我们可以从两个方面去理解这个点集合的含义，即：从圆的角度看，圆上各点到定点的距离都相等；从点的角度看，到定点的距离等于定长的点都在同一个圆上.

在平面解析几何的学习中，我们也要学习圆：从圆的几何特征入手，建立圆的方程，进而用圆的方程解决与圆有关的问题.

在高中，我们是这样给圆下定义的：平面内到一定点的距离等于定长的点的轨迹是圆.

这是因为在平面解析几何中我们对图形的认识都是轨迹，因此，当我们在研究一个图形的时候，首先要知道这个图形的形成，这个过程的操作就是初中的圆的定义；但是在高中我们认识的圆就更抽象了，有了对轨迹的几何特征的认识之后，还要能够从代数层面去刻画它，这就是圆的方程.在圆的方程建立的过程中，依据的是平面解析几何最为核心的概念，即"曲线与方程"的观点，它也是平面解析几何的思维依据.

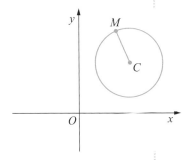

知识卡片

以 $C(a，b)$ 为圆心，r 为半径的圆的标准方程为：
$$(x-a)^2+(y-b)^2=r^2$$

2. 垂径定理与切线长定理

圆是轴对称图形，这种对称性的直观描述是：沿着圆的任意一条直径翻折，直径两侧的图形也就是两个半圆能够完全重合.这种对称性质如何具体地体现在几何元素之间的关系中呢？我们学习这一节内容的时候，要明确：垂径定理就是圆的轴对称性质的具体表述形式，它刻画了圆在确定对称轴的背景下的对折重合.

问题 1：如何证明圆是轴对称图形呢？

证明的价值在于把用描述性的语言表达出来的几何性质转化为数学的符号语言，并能够通过推理证明确定这个结论的正确性．

在轴对称性的证明中，重要的是证明思路的获得．如何去证明一个几何图形是关于某条直线对称呢？在以往学到的直线形的轴对称图形（如正方形）中，都没有涉及类似的证明，因此对于我们的思维来说是个难点．有的同学仅仅希望能够通过有限的点，甚至是特殊的点来说明圆的轴对称的性质；还有的同学可能会通过圆中所构造的直线形的几何图形具有轴对称的性质来说明圆的轴对称的性质，例如通过圆内接等腰三角形来证明圆的轴对称性质．

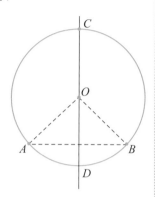

上述想法是错误的，因为圆的轴对称性是圆的整体性质．需要从圆上任取一点，证明这个点关于直径对称的点仍然在圆上，进而完成证明．

问题 2：如何由圆的轴对称性得到垂径定理呢？

这个过程似乎很简单，甚至有的同学可能会觉得没有什么可思考的．其实不然，这段知识的学习存在着大量的思维活动．你要能从几何的轴对称概念出发去直观感受圆的这种轴对称性；要能够用语言描述清楚把圆沿着直径折叠时能够重合所带来的几何元素之间的相等关系，即重合的弧及相对应的折叠重合的弦．在这个基础上你要学会用数学的符号语言表达出相等的线段和弧．之后你去思考：这些几何元素在量上的相等关系是由谁决定的？如何理解圆的轴对称性质决定的这些元素的相等关系？在这个确定的弦与对应的弧中，相对应的对称轴即直径起到的作用是什么呢？

问题 3：圆的对称轴有无数多条，如何确定其中的一条，从而运用对称性去解决圆的弦或弧相关的问题？

实际上，圆的对称轴就是圆的弦的对称轴．通过确定弦的中垂线，也就找到了圆和这条弦共同的那条对称轴了．即：要么是垂直于弦的直径所在的直线，要么是平分（不是直径的）弦的直径所在的直线．

一句话，以弦定轴．

问题 4：直线 $y=kx+1$ 与圆 $x^2+y^2+kx+my-4=0$ 交于 M、N 两点，且 M、N 关于直线 $x+y=0$ 对称，求 $m+k$ 的值．

分析：这个问题有不少同学会试图将直线方程 $y=kx+1$ 与圆方程 $x^2+y^2+kx+my-4=0$ 联立，但苦于参数太多而踟蹰不前；还有的同学会在利用直线 $y=kx+1$ 与直线 $x+y=0$ 垂直得出 $k=1$ 之后，为如何算出 m 而苦恼．这些问题都源于不仔细思考就想通过计算得出结果，反而陷入困境中．

符合平面解析几何这门学科的思维过程应该是怎样的呢？

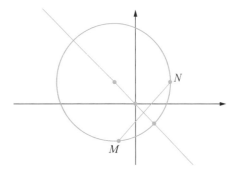

我们看到，这个问题涉及三个几何对象，在计算求值之前，它们之间的位置关系的确定是最为重要的．条件"直线 $y=kx+1$ 与圆 $x^2+y^2+kx+my-4=0$ 交于 M、N 两点"告诉我们直线 $y=kx+1$ 与圆 $x^2+y^2+kx+my-4=0$ 的位置关系；条件"M、N 关于直线 $x+y=0$ 对称"交代了直线 $y=kx+1$ 与直线 $x+y=0$ 的位置关系，即两条直线垂直而且直线 $x+y=0$ 还平分直线 $y=kx+1$ 上的一条线段 MN；这样确定直线 $x+y=0$ 与圆 $x^2+y^2+kx+my-4=0$ 的位置关系就成

为思维的焦点.但这一点题目并没有说,是需要同学们结合条件推导出来的.
即由于线段 MN 是圆的弦,弦 MN 被直线 $x+y=0$ 垂直平分,直线 $x+y=0$ 是
圆的对称轴,由此分析得出圆 $x^2+y^2+kx+my-4=0$ 的圆心在直线 $x+y=0$ 上.
至此,才把三个几何对象之间的位置关系分析完了.

根据上述对几何位置关系的分析,将圆心坐标 $\left(-\dfrac{k}{2},-\dfrac{m}{2}\right)$ 代入到直线方
程 $x+y=0$,进而得到 $m+k=0$.

敲黑板

以弦定轴

以上分析的逻辑主线遵循的就是平面解析几何的学科思想,通过分析两条直线与圆之间的位置关系,借助弦 MN 确定了直线 $x+y=0$ 是圆的对称轴,才找到了代数化的方法.

思 考 切线长定理与垂径定理有没有内在联系?

切线长定理告诉我们:"从圆外一点可以引圆的两条切线,它们的切线长相等,这一点与圆心的连线平分两条切线的夹角."从定理的描述中我们可以看到,这是在圆的背景下的线段相等和角相等,这与圆的对称性有关联吗?

实际上在"从圆外一点可以引圆的两条切线"的背景下,圆上的两个切点 A、B 就是确定的,因而圆的弦 AB 是确定的.因此,相对于弦 AB 的圆的对称轴也就是确定的.我们知道:圆的轴对称性问题的关键是确定圆的对称轴,就如定理所说的"这一点与圆心的连线"实际上就是这个圆相对于弦 AB 的一条对称轴.由于这条对称轴不仅是圆的对称轴,也是弦 AB 的唯一的一条对称轴,因此,这条对称轴上的任何一点(设点 P)到弦的端点 A、B 的距离始终都是相等的.当点 P 在圆外时的某一位置恰好使得直线 PA、PB 是圆的切线时,对于这种特殊的直线与圆的位置关系下的相等关系就是切线长相等.因此我们可以说,切线长相等是圆的轴对称性质的具体表现形式.至于弦 AB 所对应的圆的对称轴还平分这两条切线所形成的夹角,本质上来说是由弧 AB 被对称轴平分之后所得到的两段等弧所决定的.因此可以认为这个结论源于垂径定理.至此,我们可以确定的是切线长定理是圆的轴对称性质的具体表述形式.这个定理与之前所学过的垂径定理属于并列的地位.

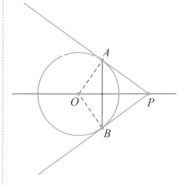

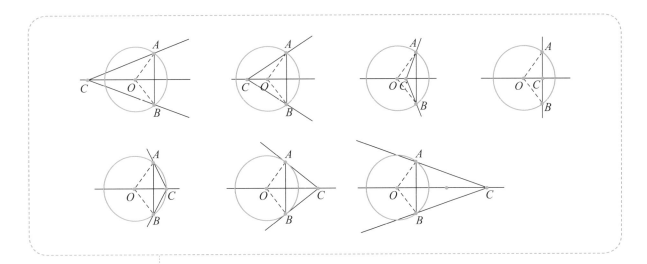

如图：OC 是圆 O 的直径所在的直线，对于弦 AB 来说，圆 O 的对称轴 OC 就是弦 AB 唯一的对称轴，即线段 AB 的中垂线，因此无论点 C 运动到哪里，都有 $CA = CB$，$\angle ACO = \angle BCO$. 特殊的位置如 C 点与弦 AB 中点重合，此时就是垂径定理；与过圆外一点引圆 O 的切线的点重合，此时就是切线长定理；其他位置也是我们在做题目的时候会经常碰到的.

老师说

揭示数学知识本质的方法之一就是要抓住数学思维的逻辑脉络，我们要能够用联系变化的观点去认识所学的数学知识.

3. 圆心角与圆周角

圆是中心对称图形，把它绕圆心旋转 $180°$，所得的图形与原图形重合. 不仅如此，实际上，把圆绕圆心旋转任意一个角度，所得的图形都与原图形重合. 那么，如何将圆的这种旋转对称性转化为几何元素的相等关系呢？

将圆的这种旋转对称性转化为圆上的一段弧与另一段弧相等是最自然的，也是最能真实地反映圆的旋转对称性的. 但是如何刻画这两段同一个圆上或等圆上的弧呢？这个时候就需要以直线形的几何元素来帮助了，如弧所对应的弦或弧所对应的角. 弧所对应的弦是唯一确定的，但是弧所对应的角却是各种各样的. 从几何位置关系进行分析，无外乎角的顶点与圆的位置关系的几种情况，即：角的顶点在圆内、在圆上或在圆外.

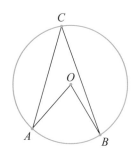

实际上，角的顶点在圆上是最有研究价值的．因为在以圆为背景的直线形的几何图形的研究中，几何图形往往与圆有交点，这样也就会产生许多顶点在圆周上，并且角的两边与圆相交的角．这样的角就是我们所说的圆周角．其次是角的顶点在圆内且角的两边与圆相交的角．但从圆的旋转对称的角度看，此时只有角的顶点与圆的旋转中心重合时，才能运用圆的旋转对称性研究角．我们把这样的角形象地称为圆心角．由于每一个圆心角都对应着的唯一的一段弧，所以圆心角和这段弧所对应的弦就有相同的地位和价值．

在同圆或等圆的条件下，由其中一个几何元素（如圆周角）的相等关系就可以推出相对应的其余的两个几何元素（如弦与弧长）的相等关系．这也说明在圆的旋转对称背景下的相对应的弧、弦、圆心角关系的本质．

对于角的顶点在圆外、角的两边与圆相交的角可以通过转化为圆周角得到解决（如右图）．

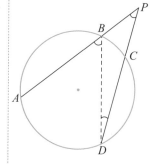

如上所述，圆心角与其所对弧的一一对应的关系，为我们研究圆周角提供了思路或途径，也就是通过弧来分析不同的圆周角的关系．显然，在同一个圆中，有各种各样的大小不等的圆周角，当这些圆周角所对的弧之间的关系不明确的时候，我们是无法认识这些不确定的圆周角之间的关系的．但是如果我们把所研究的圆周角放在一个相同的条件或等价的背景下的时候，如在同一段弧或等弧的条件下，所对应的不同的圆周角之间会是什么关系呢？由于同一段弧或相等的两段弧所对应的圆心角是确定的，因此也就可以将问题转化为同弧或等弧背景下的圆周角与圆心角之间的关系了，毕竟对直线形之间的关系的研究要容易一些．

在研究几何元素间关系的时候，一般来说都是从两个方面去分析：首先是分析几何元素之间的位置关系；其次是研究它们之间的数量关系．从几何的角度看，就是从位置关系入手分析，如圆心角的顶点相对于同弧的圆周角有几种位置关系；从代数的角度看，就是关注量与量之间的数量关系，也就是同弧背景下的圆心角和圆周角大小关系如何．

敲黑板

以弧定角

　　在圆的背景下的角的研究相比直线形时的角的研究来说要复杂得多，但圆的旋转对称性为我们研究圆心角与圆周角的关系及圆周角之间的关系提供了非常好的中介——"同弧或等弧"．就像圆周角的定理及推论告诉我们的那样："一条弧所对的圆周角等于它所对的圆心角的一半"；"同弧或等弧所对的圆周角相等"．简言之，即"以弧定角"．它是这一部分知识逻辑的主线，也是思维的规律．

4. 点与圆的位置关系

　　在平面几何的学习中，如果我们研究的几何图形有两个或更多的话，这时我们不仅要研究每一个几何图形的几何性质，还要研究它们之间的位置关系．

　　如果在平面内不仅有圆还有点，这时我们就要思考：这个点和这个圆是什么样的位置关系呢？

　　比如说，我们这里有圆 O，此时点 A 是圆 O 内部的点．现在让这个圆 O 的半径由大到小开始变化，在这个变化过程中你关注点 A 与圆 O 的位置是否发生了变化呢？

　　我们看到，随着圆 O 半径的减小，点 A 在圆内的位置关系的确发生了变化：点 A 原本在圆 O 的内部，但是在圆的半径变小的某一时刻，它就落在了圆周上；此时如果这个圆的半径再小一点的话，它就落到了圆 O 的外部了．可以看出，点 A 和前面不断变化的圆的位置并不是固定不变的，出现了三种不同的位置关系．

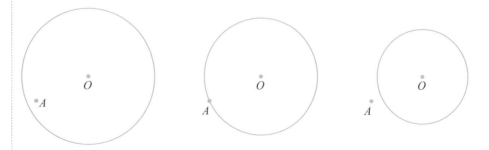

　　如果在平面内有一个确定的圆 O 的话，那么我们又该如何理解点与圆的位置关系呢？首先是圆 O 把平面分成了三部分：圆周以及圆的内部和圆的外

部 . 如果现在除了圆 O, 我们还要研究点 A 的话, 那就是要确定点 A 相对于圆 O 的位置关系: 是在圆周上, 在圆内, 还是在圆外 .

> **问题 6**: 在点 A 与圆 O 位置关系确定的情况下, 如何用代数的方法来刻画这种位置关系呢?

设圆 O 的半径为 r. 我们知道, 当点 A 在圆周上时, 这样的点有无数个, 但它们到圆心 O 的距离始终都等于半径 r. 那么圆内的点呢? 它到圆心的距离都是小于半径 r. 圆外的点也有很多, 但它们共同的几何特征是它们到圆心的距离都是大于半径 r 的 . 这样, 我们就可以借助圆心 O 和圆的半径 r 来刻画平面内的点相对于圆 O 的位置 .

我们换一个角度来看, 先从平面内的点来看, 有无数多个点, 有一个圆心 O, 有一个确定的半径 r, 实际上也就确定这个圆了 . 那么, 对于平面内的点 A 来说, 它相对于圆的位置是通过它与圆心 O 的距离来刻画的: 如果点 A 到圆心 O 的距离正好等于半径 r, 我们可以判断这个点一定在这个圆上; 如果点 A 到圆心 O 的距离小于半径 r, 我们断定点 A 一定在圆内; 如果点 A 到圆心 O 的距离大于半径 r, 那么这个点 A 一定落在圆外 .

综上讨论, 我们不论是从几何的角度还是代数的角度, 都明确了点和圆的位置关系有三种: 点在圆上, 点在圆内, 点在圆外 .

> **问题 7**: 平面上有一个点 A, 经过点 A 作圆, 可以作多少个?

我们可以这样来画, 在平面上再取一个点, 只要这个点不和点 A 重合就可以, 比如设它为点 O. 以 O 为圆心, 以 OA 长为半径作圆, 我们就可以画出满足条件的圆, 那我们能画出多少个呢? 只要点 O 不和点 A 重合就行, 我们说这样的点有无数个, 因此画出来的圆也就有无数个 .

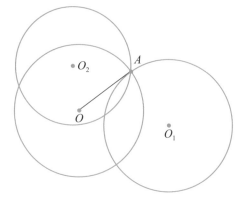

问题 8：平面上有 A、B 两点，画出的圆一定要经过 A、B 两点，这样的圆有多少个呢？

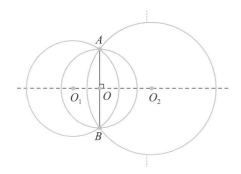

由于我们要画出的圆的圆心要到点 A 和 B 的距离都相等，所以，我们只要把圆心 O 找到，半径就是 OA 或者 OB，这个圆也就确定了．那么，圆心是确定的吗？由于平面上到 A、B 两个点的距离相等的点是线段 AB 的中垂线，因此这条直线上的任意一点都可以作为我们要画的圆的圆心．因此，这样的圆仍然是有无数个．

问题 9：过平面上不在同一条直线上的三个点 A、B、C，你能不能画出圆呢？这样的圆又能画出几个呢？

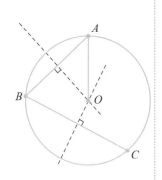

为了满足这样一个条件，这个圆心到 A、B、C 三点的距离都要相等．我们先看 A、B 这两个点，要求到它们的距离都相等，这个点一定在线段 AB 的中垂线上；我们再看线段 BC，到 B、C 两个端点相等的点在线段 BC 的中垂线上．当然由于 A、B、C 三个点不在同一条直线上，因此线段 AB、BC 的中垂线有且只有一个交点，我们设交点为 O．这样我们就以 O 为圆心，线段 OA 长度为半径作圆，这个圆必然是要过点 A、B、C 的，当然由于交点 O 是唯一的，这样的圆就只有一个了．

5. 直线与圆的位置关系

问题 10：如果平面内有圆 O，要画一条直线 l，l 的位置是如何体现的呢？

实际上，这条直线的位置要参照圆 O 来确定．由于圆 O 相对于平面已经有位置关系了，即将平面划分为三个部分：圆内、圆上及圆外，因此，我们可以将这条直线想象成运动的直线．

让直线 l 移动起来：首先直线 l 从圆 O 外开始向接近圆的方向运动，经过圆周进入到圆 O 的内部，在平移过程中它要再次经过圆周，落在圆的外面，这就是直线和圆的位置关系给我们最直观的感受．

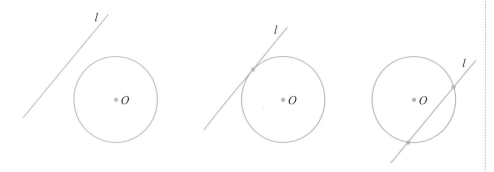

这个过程中我们会发现直线 l 与圆 O 的不同位置可以依据两个图形的公共点的个数来区分：一开始直线 l 与圆 O 没有公共点；当直线 l 靠上圆的那一刻，它们有一个公共点；当直线 l 开始经过圆内部的时候，直线 l 和圆 O 有两个不同的交点；在直线 l 移动的过程中，我们发现两个图形的交点变成了一个交点，以至于最后没有交点．

对于直线和圆的位置关系我们可以下一个定义：

如果直线 l 与圆有两个公共点，我们就说直线 l 与圆相交，这条直线叫做圆的割线．如果直线 l 与圆只有一个公共点，我们说这条直线与圆是相切的，直线 l 叫做圆的切线．如果直线 l 与圆没有公共点，那么这时的位置关系是直线与圆相离．这样来看，直线 l 与圆是由相离到相切再到相交．这是我们从几何位置关系的角度看直线 l 与圆 O 的关系．

问题 11：我们能不能用数量关系来表达出直线 l 与圆 O 的三种位置关系呢？

实际上，要想用数量关系来表达位置关系，需要聚焦到圆心 O 上．那么，圆心 O 与直线 l 可以通过什么样的数量关系刻画呢？其实问题的本质就是一个点与直线的数量关系如何刻画．当然，就是点与直线的距离了．

过圆心 O 做直线 l 的垂线，点 O 与垂足之间的距离我们用小写的字母 d 来表示，它表达的就是圆心到直线 l 的距离（圆心距）．那么我们就可以看到：当直线 l 与圆相交的时候，d 所对应的垂线段与圆的半径就构成了直角三角形

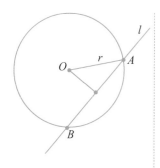

的直角边和斜边，这个时候 $d<r$。如果我们继续移动直线 l，那么圆心 O 到直线 l 的距离，也就是圆心距是越来越大的，但只要直线 l 与圆相交，圆心距 d 就始终小于圆的半径。因此，我们说当直线 l 与圆相交的情况下，圆心距 d 小于圆的半径 r。这样，我们就通过圆心距与圆的半径之间的这样一个不等式刻画了直线与圆相交的位置关系。如果我们继续关注圆心距 d 的变化，可以看到，随着圆心距 d 越来越大，当圆心距 d 恰好等于圆的半径 r 的时候，从图形上来看，此时的直线 l 与圆的交点个数也由两个不同交点变成了只有一个交点，这时也就是我们说的直线 l 与圆是相切的位置关系。从数量关系来看，此时圆心距 d 等于圆的半径 r。直线 l 继续移动，那么刚才是圆心距 d 等于半径 r，现在是圆心距 d 大于半径 r 了。当然，此时直线 l 与圆已经没有公共点，这时我们说直线 l 与圆是相离的位置关系。如此，我们就运用圆心距 d 与半径 r 之间的大小关系刻画了直线 l 与圆 O 的三种位置关系。

在这三种位置关系中，圆心距 d 等于半径 r 的时候，直线 l 与圆正好是相切的。由此我们得到了一个关于圆的切线的判定定理，也就是"经过圆的半径的端点并且和半径垂直的直线就是圆的切线"。

问题 12：大家反过来思考这样一个问题，如果直线 l 是圆的切线并且 A 为切点，半径 OA 一定和直线 l 垂直吗？

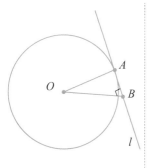

我们可以先假设：OA 不垂直于直线 l，那么我们就可以过 O 点作直线 l 的垂线 OB，得到直角三角形 OAB。其中 OB 是直角边，OA 是斜边。显然 OB 小于 OA，但是，OA 是圆的半径，OB 是圆心到直线的距离，那么就说明圆心距小于圆的半径，这样直线 l 与圆 O 相交，就和前提条件矛盾，由此说明前面的假设是错误的。也就是如果直线 l 是圆的切线的话，切点为 A，那么 OA 是与切线 l 是垂直的。这样就得到了一个圆的切线的性质定理："圆的切线垂直于过切点的半径。"

以上我们通过点和圆、直线与圆的位置关系的讨论，进一步感受到了平面几何的研究方法．当面对的不只是一个研究对象的时候，要关注它们之间的位置关系，进而用数量关系来刻画这种位置关系．这不仅是研究方法的问题，也是研究几何对象的思维特征．

6. 弧长和扇形面积

我们知道，数学学习的内容是通过每一节课完成的，但是知识不能被这种形式所割裂．作为一名学习者，要有意识地把似乎是碎片化的知识、结论串起来，让知识能够以一个整体的面目呈现在我们面前．

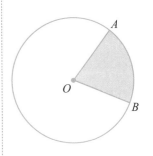

"弧长和扇形面积"就是具有这样特点的一节课．本节课的内容主要就是弧长公式和扇形面积公式，是比较典型的以推导公式、应用公式为主要内容的一节课，我们能不能从公式中体会到数学思维呢？

问题 13：弧与所对应的圆心角之间是几何关系，而它的代数形式是什么呢？换句话说，如何给弧与圆心角之间的关系定量呢？

从几何上看，圆心角与所对应的弧之间的关系已经解决，是圆的中心对称图形性质的具体体现，如"等弧对相等的圆心角"．

按照这个逻辑，由于圆心角有大小，那么弧的大小也就成为必然．而探索弧长与圆心角的大小关系也就成为值得思考的内容．

在学习三角形、四边形等直线围成的封闭图形时，我们用其围成的面积来刻画其大小．那么，在弧长的计算问题解决的前提下，由组成圆心角的两条半径和圆心角所对的弧围成的图形面积（也就是扇形的面积）是不是也就可以计算出来了呢？

如何度量一个曲线长度或由曲线参与围成的图形面积呢？实际上，必须首先确定单位，因为度量的本质就是计算所要度量的图形包含多少个度量单位．$1°$ 圆心角所对的弧长和扇形面积就是度量单位，正是明确了这样的度量单位，才使得弧长和扇形面积的计算成为可能．

问题 14. 如何理解弧长公式 $l = \dfrac{n\pi R}{180}$ 和扇形面积公式 $S = \dfrac{n\pi R^2}{360}$ 呢？

弧长公式 $l = \dfrac{n\pi R}{180}$ 是刻画圆弧与所对的圆心角关系的代数形式，在同一个圆内，圆的半径 R 是确定的．因此，这个公式表明：弧长是其所对的圆心角度数 n 的函数．随着圆心角的度数 n 的变化，弧长 l 发生变化．

同样，扇形面积 S 也是相对应弧所对圆心角度数 n 的函数．

老师说

通过这个思维过程，我们不仅仅为了得到弧长公式和扇形面积公式，更重要的是感受到弧长的变化或扇形面积的变化是依赖于其所对的圆心角大小的变化的．

同学们在"弧长和扇形面积"的学习过程中，不要将目光仅仅局限在课本的内容上，也不能仅仅满足于记住公式并会应用，还要能够从推导公式和理解公式的过程中找到研究方法上的联系．在解决问题的思维过程中探寻共性的东西，感受计算公式背后的数学学科最本质的东西，这才是我们学习数学知识的价值所在．

敲黑板

以上是从思维逻辑的角度分析弧长与扇形面积这部分知识．在本书观点篇的专题"为什么 $7+5=12$ 呢？"中，我们还会提到弧长公式和扇形面积公式．届时，我们会从公理化思想的角度来理解弧长和扇形面积公式的推导过程．

如何找到解决问题的方法？

解题方法不是套路，
而是思维的产物

思　考　解决数学问题的方法是从何而来的呢？

　　在中学 6 年的数学学习中，做数学题目始终伴随着我们的学习生活．你有没有想过：为什么要做那么多的数学题目呢？做题的价值在哪里呢？如果数学成绩不理想，老师或家长有没有把原因归结为你做的题目数量少呢？

　　似乎解题能力的高低取决于所做题目的数量．但现实告诉我们，有的时候尽管已经做了大量的题目，但数学成绩未见有明显的提高，解题能力徘徊不前，这又如何解释呢？

　　还有一种观点认为解题的方法越多，解决问题的能力就越强．这里的方法多不仅体现在解决不同的数学问题中，即使是同一个数学问题，对于各种各样解法的探寻也是很多同学孜孜以求的一个目标．就像有些同学常说的："解题的套路越多，解题能力就越强！"果真如此吗？

　　题型化（或者说套路化）的解题方法是我们比较熟悉的，这种方法就是把所要解决的数学问题从形式上做分类，每一类问题对应着解决问题的方法．运用这种方法解决数学问题就需要我们能够尽快地识别出问题的类型，并采用相应的方法进行解题．

　　这种方法如图所示：

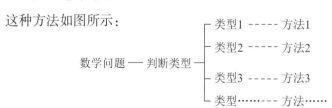

如果解决数学问题时的思维指向是识别问题的类型，那就容易忽视对数学问题本身的理解，对所研究对象的本质分析往往是不到位的、不全面的．一旦识别不出问题的类型，我们就可能断定自己没有办法解决这个问题而放弃作答．

在大量重复训练的基础上，尽管我们掌握了识别数学问题类型的能力，并会运用对应的方法解决问题，但是面对中考或高考试题在形式上的不断创新，我们会发现所面对的题目有时并非我们所熟悉的类型．这时，我们可能面对问题缺乏信心甚至产生不必要的慌乱，最终导致无法解决问题．

老师说

类型化、套路化的解题方法由于没有碰触到数学问题的本质，因而对我们数学思维水平的提高是无力的，对我们解决数学问题能力的培养也是非本质的．所能满足的也仅仅是应试背景下对分数最大化的虚幻渴望．学数学一定是要做题目的，但是如果以为靠解题数量的积累就能提高能力又是不现实的，是对如何获得解题能力的一种非理性的认识．

那么，解决数学问题的方法有没有超越题型的规律可循呢？

我们常见的数学问题都包含两个要素：一个是这个问题中涉及的研究对象，如函数的解析式、曲线方程、空间几何体、数列的通项等，这个对象不一定是一个，也许是两个或更多；还有一个要素是针对研究对象所提出来的需要解决的具体问题．

问题 1：已知函数 $f(x) = \begin{cases} x^2 + 4x, & x \geqslant 0 \\ 4x - x^2, & x < 0 \end{cases}$，若 $f(2 - a^2) > f(a)$，求实数 a 的取值范围．

分析：在这个问题中，函数 $f(x) = \begin{cases} x^2 + 4x, & x \geqslant 0 \\ 4x - x^2, & x < 0 \end{cases}$ 就是研究对象；

"若 $f(2 - a^2) > f(a)$，求实数 a 的取值范围"就是针对研究对象 $f(x)$ 所提出的具体问题．

要解决一个数学问题，首先就要对数学问题的研究对象进行研究．要研究单个对象的属性、性质以及两个及以上对象之间的代数关系或几何关系．如：对于一个函数要研究其所有的性质；对于两个函数不仅要研究它们各自的性质，还要研究它们的代数关系；同样，对于两个几何对象要先研究各自的几何性质，在此基础上，研究它们之间的位置关系或者其他联系．这种研究方法是研究问题主体的性质、属性及关系的，也是要解决任何一个数学问题都必须面对的．从这个意义上来说，这种研究数学问题的方法具有一般性，是解决问题的一般方法、通性通法．

上例中的研究对象函数 $f(x)=\begin{cases} x^2+4x, & x\geqslant 0 \\ 4x-x^2, & x<0 \end{cases}$ 有什么性质呢？

当 $x>0$ 时，其对应的函数值为 $f(x)=x^2+4x$，因为 $-x<0$，其对应的函数值为 $f(-x)=-4x-x^2$；可以看出，对于函数 $f(x)$ 来说，取相反的两个自变量的时候，函数值相反；同样，当取 $x<0$ 时，它和其相反的自变量 $-x>0$ 所取得的函数值也是相反的；又 $x=0$ 时，$f(0)=0$，因此这是奇函数，其图像关于坐标原点对称．

正是由于这种对称性，下面就可以把研究函数的范围缩小到 $x\geqslant 0$，而此时 $f(x)=x^2+4x$，从函数的解析式可以得出，当 $x\geqslant 0$ 时，$y\geqslant 0$，也就是其函数图像分布在第一象限并过坐标原点．由于 $x\geqslant 0$ 时，$f(x)=x^2+4x$ 是单调递增函数，所以大致可以画出函数 $f(x)$ 在 $x\geqslant 0$ 时的示意图，如右上图所示，再结合奇函数的图像关于坐标原点对称的性质，画出函数 $f(x)$ 的完整图像如右下图．至此完成了对函数 $f(x)$ 性质的研究．

那么，解决针对这个研究对象的具体问题的方法是怎么得到的呢？

关于这个函数的具体问题是："若 $f(2-a^2)>f(a)$，求实数 a 的取值范围．"由于前面分析函数性质已经知道 $f(x)$ 在定义域内是单调递增函数，所以可以得到自变量的大小关系 $2-a^2>a$，从而得解．

如果具体问题改为：

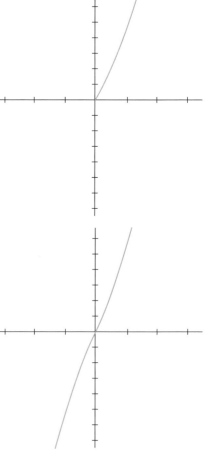

问题2：已知函数 $f(x) = \begin{cases} x^2 + 4x, & x \geq 0 \\ 4x - x^2, & x < 0 \end{cases}$，若 $f(2-a^2) + f(a) > 0$，

求实数 a 的取值范围．

由于我们知道函数 $f(x)$ 是奇函数，所以，就可以主动地将条件变形为 $f(2-a^2) > -f(a)$，再根据奇函数的性质得：$f(2-a^2) > f(-a)$，进而由单调递增性得出 $2-a^2 > -a$，从而问题得解．

你是不是能够体会到，只有掌握了研究对象的性质，才可能真正获得解决一个数学问题的方法呢？

问题3：设偶函数 $f(x)$ 满足 $f(x) = 2^x - 4(x \geq 0)$，若 $f(x-2) > 0$，求 x 的取值范围．

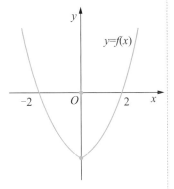

分析：这个问题的研究对象是函数 $f(x)$，我们首先要研究它的性质：

根据题意知道这个函数的定义域是 **R**，具有对称性，是偶函数．那就看"一半"的性质：由 $x \geq 0$，$f(x) = 2^x - 4$，可知这是单调递增函数；$x = 2$ 为函数的零点，$f(0) = -3$，由此可以画出函数 $f(x)$ 在 $x \geq 0$ 时的函数图像；根据偶函数的对称性，可知 $x < 0$ 时的函数图像，并由此画出函数 $f(x)$ 完整的示意图．至此，我们是用一般方法研究了函数 $f(x)$ 的性质．

具体问题是："若 $f(x-2) > 0$，求 x 的取值范围．"

（1）如果把条件中的不等式左边 $f(x-2)$ 理解为函数 $f(x)$ 的话，那么 $x-2$ 就是自变量，根据函数 $f(x)$ 的性质，$x-2 > 2$ 或 $x-2 < -2$ 时，函数 $f(x) > 0$，得 x 的取值范围是 $(-\infty, 0) \cup (4, +\infty)$，这是本题的第一个具体的解法．

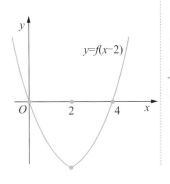

（2）我们还可以把条件中的不等式左边 $f(x-2)$ 理解为是关于 x 的函数，那么这个函数的性质就可以借助 $f(x-2)$ 与函数 $f(x)$ 的关系得到．根据 $f(x-2)$ 的图像是将函数 $f(x)$ 的图像向右移了2个单位，得到 $f(x-2)$ 的图像，也就是得到了函数 $f(x-2)$ 的性质，如图，我们知道当 x 的取值范围是 $(-\infty, 0) \cup (4, +\infty)$ 时函数的图像都在 x 轴的上方，这是另一个具体方法．

（3）我们还可以这样来理解具体问题中的条件 $f(x-2) > 0$，将不等式

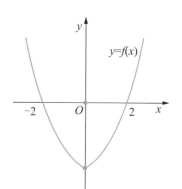

右边的 0 看成是函数 $f(x)$ 的函数值，根据函数 $f(x)$ 的性质，我们知道 $f(\pm2)=0$，这样，函数 $f(x)$ 所要满足的条件就是 $f(x-2)>f(\pm2)$，不等式两边是函数 $f(x)$ 的函数值，根据函数 $f(x)$ 的图像可知，函数值越大，对应的函数的自变量的绝对值就越大，即：$|x-2|>|\pm2|$，故 x 的取值范围是 $(-\infty,0)\bigcup(4,+\infty)$，这是解决问题的第三个具体方法．

老师说

　　解决数学问题的方法有两个：一个是一般方法，它是针对研究对象性质或关系的；另外一个是解决具体问题的具体方法，这个方法是运用研究对象的性质或关系找到的．一般方法很少，是通性通法；但由于对具体问题的理解不同，运用研究对象的性质或关系的途径、方式或角度不同，就会产生各种各样的具体方法．

　　如果我们能够明确这些具体方法实际上都是从所研究的性质或关系中得到的话，也就能够找到具体方法的探寻规律了．

1. 谁是研究对象？

　　有些问题，像前面的几个例子中的研究对象非常明确，但有些问题中的研究对象要去寻找、确定．我们看下面的问题：

问题 4：比较 $\dfrac{\ln\pi}{\pi}$、$\dfrac{1}{e}$、$\ln\sqrt{2}$ 这三个实数的大小，说明理由．

　　分析：我们没有办法算出这三个数的值，但是这三个数从代数的特征看，是有共性的，在形式上可以写成 $\dfrac{\ln\pi}{\pi}$、$\dfrac{\ln e}{e}$、$\dfrac{\ln 2}{2}$，分母位置上的数和分子真数部分的数是一样的．这样我们就可以把这三个数的值看成是同一个函数的值了．这个函数就是 $f(x) = \dfrac{\ln x}{x}$ ，是我们所要找的研究对象．下面，首先要研究这个函数有什么性质．

这个函数定义域是 $x \in (0, +\infty)$ ，函数的零点是 $x = 1$ ，函数值的符号由 $\ln x$ 的符号决定，也就是当 $x \in (0,1)$ ， $f(x) < 0$ 时，函数图像在 x 轴的下方； $x \in (1, +\infty)$ ， $f(x) > 0$ 时，函数图像在 x 轴的上方．

为了研究这个函数的单调性，对函数 $f(x) = \dfrac{\ln x}{x}$ 求导，导函数是

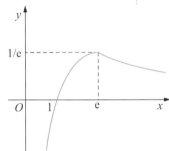

$f'(x) = \dfrac{1 - \ln x}{x^2}$ ，导函数的符号由分子 $1 - \ln x$ 的符号来决定， $x \in (0, e)$ 时， $f'(x) > 0$ ， $f(x)$ 是单调递增函数，因为在这个区间里有函数的零点 $x = 1$ ，所以函数 $f(x)$ 是从 x 轴的下方增上来，穿过点 $(1,0)$ 进入到第一象限，一直增到 $x = e$ ；当 $x \in (e, +\infty)$ 时， $f'(x) < 0$ ， $f(x)$ 是单调递减函数，函数图像从 $x = e$ 开始下降，但是不会再穿过 x 轴，因为这个函数只有一个零点．

由以上分析，我们就可以把函数 $f(x)$ 的示意图画出来了．

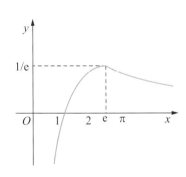

要比较三个函数值 $\dfrac{\ln \pi}{\pi}$ 、 $\dfrac{\ln e}{e}$ 、 $\dfrac{\ln 2}{2}$ 的大小，显然，自变量 $x = e$ 时，函数 $f(x)$ 取得极大值 $\dfrac{1}{e}$ ；2 和 π 这两个自变量对应的函数值的大小的比较目前无法进行，因为这两个自变量分布在函数 $f(x) = \dfrac{\ln x}{x}$ 图像的两侧，分处于不同的单调区间．

为了比较 2 和 π 这两个自变量所对应的函数值的大小问题，就必须要借助函数的单调性，那么，如何解决这个问题呢？从函数的图像，我们是不是可以找到解决问题的思路呢？

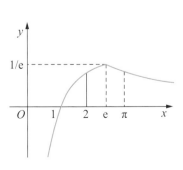

从函数的图像我们知道，函数 $f(x)$ 从左至右是先增后减，这样，我们就可以有这样的一个判断，在自变量 $x \in (e, +\infty)$ 的单调递减区间，一定会有一个自变量其所对应的函数值与 $x = 2$ 对应的函数值是一样的．如此，我们不就可以借助函数值相等，将本来不在同一个单调区间的两个自变量放到了同一个单调递减区间了吗？那么，这个单调递减区间里的与 $x = 2$ 对应的函数值相等的自变量是谁呢？用数学语言表达，就是 $f(2) = \dfrac{\ln 2}{2}$ 还等于谁？

根据分数的性质，有：$f(2)=\dfrac{\ln 2}{2}=\dfrac{2\ln 2}{4}=\dfrac{\ln 4}{4}=f(4)$，原来这个自变量是 $x=4$.

在单调递减区间 $(e,+\infty)$ 中，由于 $\pi<4$，所以，$f(\pi)>f(4)$，也就是 $f(\pi)>f(2)$.

至此，$\dfrac{\ln\pi}{\pi}$、$\dfrac{1}{e}$、$\ln\sqrt{2}$ 这三个实数的大小关系是：$\dfrac{1}{e}>\dfrac{\ln\pi}{\pi}>\ln\sqrt{2}$.

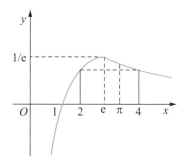

小　结

　　从上述例子中，我们是不是可以体会到，解决数学问题的方法不是以前做过类似的题目才会做这道题，这个不是解题的逻辑. 我们的方法是先在明确了研究对象的基础上，对这个研究对象的性质做了分析，并运用这个性质最终解决了问题. 如上文所言，解决数学问题的方法有两个：一个是研究性质（包括关系）的一般方法，一个是运用所研究出来性质（包括关系）找到针对具体问题的具体方法. 找到具体方法的第一步是明确谁是你的研究对象，否则就是无的放矢了.

2. 以谁为研究对象？

问题 5：设函数 $f(x)=\begin{cases}2^{1-x},x\leqslant 1\\ 1-\log_2 x,x>1\end{cases}$，求满足 $f(x)\leqslant 2$ 的 x 的取值范围.

在解题过程中，研究对象选择的不同，会影响到解决问题的效果.

这个问题的研究对象是一个分段函数，按理说，研究对象就是指这个分段函数的整体，这是一个函数，不是两个函数. 但是，在解决问题的时候，一些同学往往把一个分段的函数看成是两个函数，也就是说，选取了不同的研究对象.

看成两个研究对象的常见做法有两种：一种是直接计算，分 $x\leqslant 1$ 和 $x>1$ 两种情况，将 $f(x)\leqslant 2$ 转化为 $2^{1-x}\leqslant 2$ 和 $1-\log_2 x\leqslant 2$，分别利用指数函数和对数函数的单调性求解，再将所得 x 的取值范围取并集；还有一种方法是根据

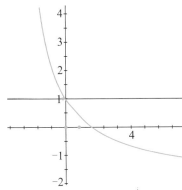

函数解析式 $f(x)=\begin{cases}2^{1-x},x\leqslant 1\\1-\log_2 x,x>1\end{cases}$ 画出这个函数的图像，毕竟每段函数的图像都可以看成是基本初等函数 $y=2^x$ 和 $y=\log_2 x$ 的图像经过变换得到的，如图所示．在此基础上，由函数 $f(x)$ 图像与常函数 $y=2$ 图像相交及在直线 $y=2$ 下方时所对应的自变量 x 的范围，就是问题所求．

上述两种解决问题的方法存在一个共同的问题，就是把一个函数 $f(x)$ 的问题转化为两个函数．没有从函数 $f(x)=\begin{cases}2^{1-x},x\leqslant 1\\1-\log_2 x,x>1\end{cases}$ 的整体上去理解这个函数、分析这个函数的性质．对于分段函数我们应该是先看这个函数整体有没有好的性质，有利于具体问题的解决，如果没有，再看局部，从两个函数的性质出发去分析．

实际上，从函数 $f(x)$ 的解析式就可以直接分析出，这个函数不具有关于点 (a, b) 或关于直线 $x=a$ 的对称性；其单调性的分析也不用画出这个函数的图像．因为当 $x\leqslant 1$ 时，$f(x)=2^{1-x}$，这是单调递减函数；当 $x>1$ 时，$f(x)=1-\log_2 x$ 也是单调递减函数，又因为这两段函数图像是连续的，因此函数 $f(x)=\begin{cases}2^{1-x},x\leqslant 1\\1-\log_2 x,x>1\end{cases}$ 在其定义域上是单调递减函数．而条件中的 $f(x)\leqslant 2$ 即 $f(x)\leqslant f(0)$，因此 $x\geqslant 0$．

从选择研究对象的规律来说，对于分段函数的理解，一般是先看整体，看成是一个函数；如果这个函数整体上没有"好"的性质，再将它看成是几个不同的函数去研究．

我们再看下面的问题：

问题 6：设函数 $f(x)=\begin{cases}e^{x-1} & x<1\\x^{\frac{1}{3}} & x\geqslant 1\end{cases}$，则使得 $f(x)\leqslant 2$ 的 x 的取值范围是多少？

函数 $f(x)$ 显然不具有对称性．我们再看单调性，由于 $y=e^{x-1}$ 在 $(-\infty,1)$ 是单调递增函数，$y=x^{\frac{1}{3}}$ 在 $[1,+\infty)$ 也是单调递增函数，又 $x=1$ 时，两段函数的值都为 1，所以这两段函数的图像是连续的．因此，函数 $f(x)$ 在定义域内是单调递增函数.

具体问题的条件 $f(x) \leqslant 2$ 可以变形为 $f(x) \leqslant f(8)$，根据刚才分析得到的函数 $f(x)$ 在定义域内是单调递增函数的性质，可知 $x \in (-\infty, 8]$.

对于上面的函数，如果看成是两个函数去研究，就显得烦琐，似乎是没有看透函数 $f(x)$ 本质. 因此，以谁为研究对象是我们解决问题首先要做出判断的，它不仅关系到我们对问题的理解的角度，也反映了我们对要解决问题的一个整体的一种认识.

3. 在明确了研究对象之后，解决问题的下一步是什么？

问题 7: 已知函数 $f(x) = x^2 - \cos x$，对于 $\left[-\dfrac{\pi}{2}, \dfrac{\pi}{2}\right]$ 上的任意 x_1, x_2，有如下条件：① $x_1 > x_2$，② $x_1^2 > x_2^2$，③ $|x_1| > x_2$，其中能使 $f(x_1) > f(x_2)$ 恒成立的条件序号是_____.

面对这样的数学问题，不少同学会结合题目所给的条件，用具体的数值代入到函数的解析式 $f(x) = x^2 - \cos x$ 中，试图通过不断地尝试找到使得 $f(x_1) > f(x_2)$ 恒成立的条件序号. 暂且不提这样做很容易判断错误，即使这样做最后的答案是对的，也是没有数学思维活动的单纯的操作，用这样的所谓的方法解决数学问题，不利于我们理解数学问题的本质，也不利于我们体会解决数学问题的数学思维是什么样的，对提高我们数学解决问题的能力更是无从谈起.

实际上，这个问题的研究对象很好确定，就是函数 $f(x) = x^2 - \cos x$，$x \in \left[-\dfrac{\pi}{2}, \dfrac{\pi}{2}\right]$. 那么，这个函数具有什么性质是我们解决问题的第一步，而不是上来就不断地对着选项去操作寻找答案.

由 $f(x) = x^2 - \cos x$，$x \in \left[-\dfrac{\pi}{2}, \dfrac{\pi}{2}\right]$ 知：$f(-x) = (-x)^2 - \cos(-x) = x^2 - \cos x = f(x)$，故函数 $f(x)$ 是偶函数，因此函数 $f(x)$ 的图像关于 y 轴对称.

当 $x \in \left[0, \dfrac{\pi}{2}\right]$ 时，$y = x^2$ 和 $y = -\cos x$ 都是单调递增，所以 $f(x) = x^2 - \cos x$

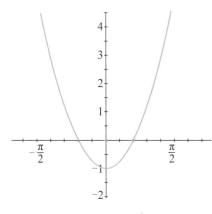

在 $x \in \left[0, \dfrac{\pi}{2}\right]$ 上单调递增；从函数的图像的分布看，$f(0) = -1$，$f\left(\dfrac{\pi}{2}\right) = \dfrac{\pi^2}{4}$，可以画出 $x \in \left[0, \dfrac{\pi}{2}\right]$ 时的图像；又因为函数 $f(x)$ 是偶函数，故 $f(x)$ 在 $\left[-\dfrac{\pi}{2}, 0\right]$ 上单调递减，从而画出函数 $f(x)$ 的完整示意图，如图所示．示意图直观地表达出函数 $f(x)$ 在区间 $\left[-\dfrac{\pi}{2}, \dfrac{\pi}{2}\right]$ 的性质．可以看出，对于两个不同的自变量所对应的函数值来说，自变量所对应的 x 轴上的两个横坐标离坐标原点越远，其对应的两个纵坐标就越大，也就是对应的函数值越大．因此，条件② $x_1^2 > x_2^2$ 能使 $f(x_1) > f(x_2)$ 恒成立．

问题8：已知函数 $f(x) = \ln(1 + |x|) - \dfrac{1}{1 + x^2}$，若 $f(x) > f(2x - 1)$，求 x 的取值范围．

这个函数的定义域是 **R**.

看对称性，符合 $f(x) = f(-x)$，所以 $f(x)$ 是偶函数．

当 $x \geq 0$ 时，$f(x) = \ln(1 + x) - \dfrac{1}{1 + x^2}$；

因为函数 $y = \ln(1 + x)$ 与 $y = -\dfrac{1}{1 + x^2}$ 都是 $[0, +\infty)$ 上的单调递增函数，所以，$f(x) = \ln(1 + x) - \dfrac{1}{1 + x^2}$ 是 $[0, +\infty)$ 上的单调递增函数；

因为 $f(x)$ 是偶函数，所以，$f(x) = \ln(1 + x) - \dfrac{1}{1 + x^2}$ 是 $(-\infty, 0)$ 上的单调递减函数．

至此，函数 $f(x) = \ln(1 + |x|) - \dfrac{1}{1 + x^2}$ 的性质就都研究出来了，我们利用这些性质，也可以画出这个函数的示意图．

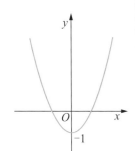

针对具体问题来说，对于 $f(x)$ 满足 $f(x) > f(2x - 1)$ 这个条件可以理解为是它的两个函数值的大小关系，由上述性质的分析知道，函数值越大，自变量的绝对值也就越大．因此，$|x| > |2x - 1|$，解得 $\dfrac{1}{3} < x < 1$．

我们面对数学问题的研究对象的态度是什么呢？不是一上来就是不假思索地去运算、去操作，而是要在明确研究对象的前提下，研究这个函数的性质．就像函数 $f(x)=\begin{cases}3x-1, & x<1 \\ 2^x, & x\geqslant 1\end{cases}$ 这样，如果我们有研究函数性质的意识的话，我们很快就能够判断出来这是一个在定义域内单调递增的函数，围绕这个函数的具体问题的解决就不会那么困难了．

如果我们面对的是两个研究对象，如两个函数，我们不仅要研究这两个函数各自的性质，还要研究它们之间的关系．

问题9：设函数 $f(x)=e^x(2x-1)-ax+a$，其中 $a<1$，若存在唯一的整数 x_0 使得 $f(x_0)<0$，求 a 的取值范围．

首先，我们要确定谁是研究对象．我们发现，如果把函数 $f(x)$ 作为研究对象的话，对它性质的分析比较困难，函数的零点与极值点都求不出来．这样，我们就可以借助具体问题中的条件，将 $f(x)=e^x(2x-1)-ax+a<0$ 的问题变形为 $e^x(2x-1)<ax-a$，从而将研究对象改为两个：$g(x)=e^x(2x-1)$ 与 $h(x)=ax-a$．

对于函数 $g(x)=e^x(2x-1)$ 来说，它具有什么性质呢？

函数 $g(x)$ 的零点是 $x=\dfrac{1}{2}$，函数 $g(x)$ 的符号由 $y=2x-1$ 的符号来决定：$x<\dfrac{1}{2}$ 时，$g(x)<0$，函数图像在 x 轴的下方；$x>\dfrac{1}{2}$ 时，$g(x)>0$，函数图像在 x 轴的上方．由函数 $g(x)$ 的导函数为 $g'(x)=e^x(2x+1)$ 可知，极值点为 $x=-\dfrac{1}{2}$，导函数的符号由 $y=2x+1$ 的符号决定：$x<-\dfrac{1}{2}$，$g'(x)<0$，函数 $g(x)$ 单调递减；$x>\dfrac{1}{2}$ 时，$g'(x)>0$，函数 $g(x)$ 单调递增．这样，我们就把函数 $g(x)$ 的性质研究完了，并能够依据性质画出函数 $g(x)$ 的示意图．

我们再看函数 $h(x)=ax-a$，这是一次函数型的函数，零点是 $x=1$，过点（1，0），单调性因为 $a<1$ 而不确定．

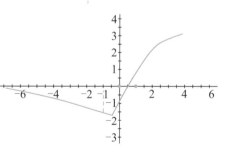

分析完两个函数性质之后，我们还要分析这两个函数

$g(x)=e^x(2x-1)$ 与 $h(x)=ax-a$ 的关系：由 $g(x)=e^x(2x-1)$ 可知其图像与 y 轴相交于点（0，−1），而函数 $h(x)=ax-a$ 的图像与 y 轴相交于点 $(0,-a)$，又因为 $a<1$，可知 $-a>-1$，也就是点（0，$-a$）在点（0，−1）的上方．如图所示：

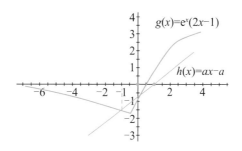

最后我们看具体的问题：

若存在唯一的整数 x_0 使得 $f(x_0)<0$ 转化为 $e^x(2x_0-1)<ax_0-a$，也就是存在唯一的整数 x_0 使得 $g(x_0)<h(x_0)$．根据前面我们对这两个函数的关系的分析，我们知道 $x_0=0$ 就是那个符合条件的整数．为了保证它是唯一的整数，从上面两个函数的图像知道 $x_0=0$ 右边的整数都能够保证 $g(x)>h(x)$，为了保证 $x_0=0$ 左边的所有整数也能够使得 $g(x)>h(x)$，只需 $g(-1)\geqslant h(-1)$，注意到条件 $a<1$，得 $a\in\left[\dfrac{3}{2e},1\right)$．

老师说

如果我们面对数学问题时，不再是急急忙忙地进行运算或套用现成的方法，而是能够比较从容地对数学问题的研究对象进行理解和深入研究，并能够在研究的基础上，找到解决问题的具体方法，那么你解决数学问题的活动就是有逻辑的数学思维活动．你一旦获得这种解决数学问题的能力，就不需要再依赖老师是否讲过类似的题目，也不再靠识别问题的类型和所记忆的方法来解决问题．因为你把面对的每一个数学题目都当成新的问题来看待，对于如何找到解决这个问题的方法，你是充满信心的．

读懂背后的逻辑：

如何观察函数的图像呢？

对于一个函数来说，我们比较关注自变量 x 的变化是如何影响因变量 y 的变化的．

- 在一个函数的定义域内，如果函数的自变量取和为 0 的两个值的时候，对应的函数值相反或相等，这就是函数的奇偶性；

- 如果函数的自变量取差为同一个常数的时候函数值不变，这就是函数的周期性；

- 如果随着自变量 x 的不断增大能够引起因变量 y 值的增大或减小，我们就把这种变化规律称为函数的单调性．

为了形象地理解函数、认识函数，我们也可以借助平面直角坐标系来表达函数，即把函数的自变量 x 作为点的横坐标，把函数的因变量 y 作为点的纵坐标，那么，在坐标平面内由坐标 (x, y) 所对应的点是动点，所组成的图形就是这个函数的图像．如：

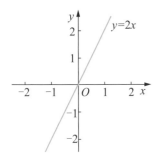 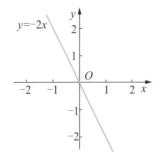 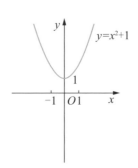

知识卡片

对于函数 $y=f(x)$ $(x \in A)$ 定义域内的每一个 x 值，都有唯一的 y 值与它对应，把这两个对应的数构成的有序实数对 (x, y) 作为点 P 的坐标，即 $P(x, y)$，则所有这些点的集合 F 叫做函数 $y=f(x)$ 的图像，即

$$F = \{P(x, y) \mid y = f(x), x \in A\},$$

这就是说，如果 F 是函数 $y=f(x)$ 的图像，则图像上的任一点的坐标 (x, y) 都满足函数关系 $y=f(x)$；反之，满足函数关系 $y=f(x)$ 的点 (x, y) 都在图像 F 上.

函数图像能够直观表达出函数的性质，我们在观察函数图像的时候，应该观察些什么呢？

思考 给出的函数图像（如图）反映的是小明从家出发到食堂吃早餐，再到图书馆读报，然后回家的信息. 现要求你根据图像回答下列问题.

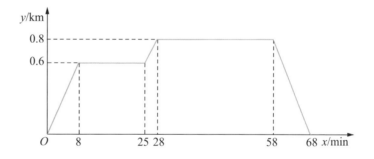

（1）食堂离小明家多远？小明家到食堂用了多少时间？

（2）小明吃早餐用了多少时间？

（3）食堂离图书馆多远？小明从食堂到图书馆用了多少时间？

（4）小明读报用了多少时间？

（5）图书馆离小明家多远？小明从图书馆回家的平均速度是多少？

上述 5 个问题都是围绕图像的信息进行计算. 这个函数的自变量是时间，因变量是小明离家的距离 y.

问题（1）是求函数的值及相应的自变量的值；

问题（2）是计算自变量的值；

问题（3）（4）（5）类似.

可以看出上述问题缺乏对函数概念的理解，没有从研究函数性质的角度去思考，不提函数的自变量与因变量，函数的味道尽失.

实际上，应该围绕这个函数图像，从函数思维和研究函数方法的角度出发提出问题.如：

从函数图像的整体描述一下自变量 x 是如何影响因变量 y 的变化的？

函数图像上升的含义是什么？函数图像下降的含义是什么？它反映了函数的自变量 x 与因变量 y 的怎么样的关系？

函数图像与 x 轴的两个交点的含义是什么？等等.

老师说

从上面的例子中看到：如果我们从图像中看到的只是表面的没有逻辑的信息的话，这样的观察是没有函数思维的.就像我们看到数学的符号语言就知道它所表达的数学思维一样，我们要能够从函数图像中读出图像背后的函数思维，看到结论背后的逻辑关系，要能够运用数学思维与研究方法去分析函数图像.

下面我们看这样的一个例子，体会一下如何用数学的思维理解函数图像.

问题1：小翔在如图1所示的场地上匀速跑步，他从点 A 出发，沿箭头所示方向经过点 B 跑到点 C，共用时30秒.他的教练选择了一个固定的位置观察小翔的跑步过程.设小翔跑步的时间为 t（单位：秒），他与教练的距离为 y（单位：米），表示 y 与 t 的函数关系的图像大致如图2所示，则这个固定位置可能是图1中的（　　　）.

A. M　　　　B. N　　　　C. P　　　　D. Q

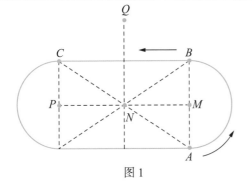

图1

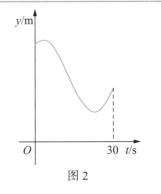

图2

如何理解问题情景和所给的函数图像是理解问题、解决问题的切入点．

分析：首先我们要明确这是一个函数问题，给出了一个实际背景，并把这个函数抽象出来一个函数的图像，这个图像把函数的性质比较直观地表达出来．

两个图像，先看谁呢？

其实我们应该先观察这个函数的图像，通过研究函数图像了解这个函数的性质．

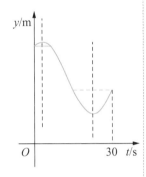

从图像中我们不难发现，随着自变量 t 的增加，这个函数是先增后减再增．也就是随着时间 t 的增加，函数值 y 一开始是越来越大，之后是越来越小再到越来越大．另外，我们从函数的图像中不难发现，这个函数图像有两部分是对称的．这是我们从所给出的函数图像中对这个函数性质的初步认识．

下面我们结合教练所在的不同位置，探讨一下所对应的函数有什么性质，对应的图像应该是什么样的．

假设教练站在 M 点的位置，随着时间 t 的变化，小翔从点 A 出发开始跑步，我们从操场的示意图可以看到，从 A 点到 B 点随着时间 t 的增加，小翔与教练的距离 y 并没有发生变化，因为他跑的轨迹是以 M 点为圆心的半圆弧；那么反映在函数上，随着时间 t 的增加对应的函数值 y 是一样的，因此，函数图像应该是平行于 x 轴的一条线段．从 B 点到 C 点，随着时间 t 的变化，小翔与教练之间的距离 y 越来越大，小翔一直跑到 C 点的时候，距离是最大的；反映在函数上是单调递增的函数，从图像上看是上升的．

综合以上分析，当教练站在 M 点的时候，对应的函数图像是不是就能够画出来了？如图所示．

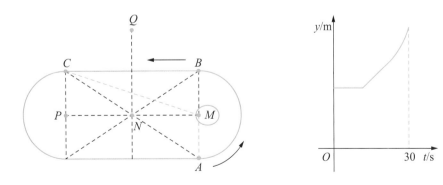

如果教练站在 N 点，我们可以看到从 A 点到 B 点随着时间 t 的增加，y 的值首先是增大，然后是减小，从跑的路径及教练的位置我们也不难发现是

对称的，反映在函数图像上，也一定是对称的；从 B 点到 C 点的过程，函数值 y 随着时间 t 的增加，先减后增，也具有对称性．反映在函数的图像上，又是什么样呢？如图所示．

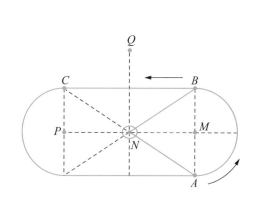
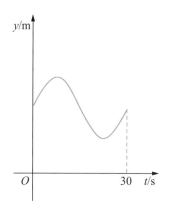

　　如果教练站的位置是 P 点，由 A 点到 B 点的过程是对称的，函数也是先增后减，由 B 点到 C 点的过程，函数值 y 是随着时间 t 的增加而减小的，一路减下去．所以，函数的图像是先上升然后下降的过程．

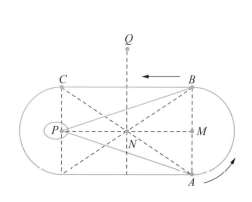
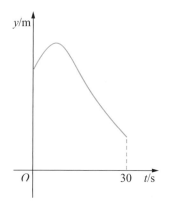

　　如果教练站在 Q 点，当小翔从 A 点到弧的中点，这一段从右图中我们也能直观地看到是对称的，y 的变化是由小到大，再由大到小．之后由弧的中点到 B 点的位置，函数值 y 是由大到小的，但不具备对称的特征，函数图像是向下的．然后由 B 到 C 这一段函数值 y 是由大到小，到线段中点的时候达到最小再增大．题目中给出的函数图像就是反映出了教练站在 Q 点这个位置观察小翔所对应的距离 y 与时间 t 的函数关系．

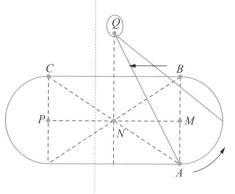

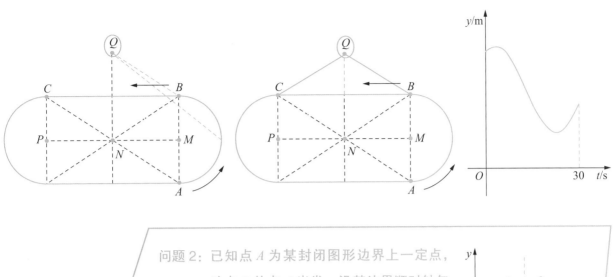

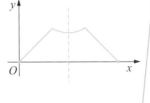

问题2：已知点 A 为某封闭图形边界上一定点，动点 P 从点 A 出发，沿其边界顺时针匀速运动一周. 设点 P 运动的时间为 x，线段 AP 的长为 y，表示 y 与 x 的函数关系的图像大致如右图所示，则该封闭图形可能是（　　　）.

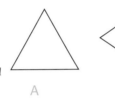

A

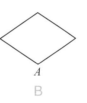

B

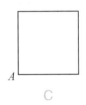

C

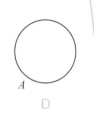

D

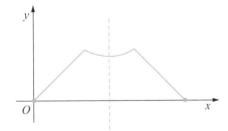

分析：我们仍然还是先从函数图像入手去思考，看看这个函数通过图像所体现出来的性质是什么？

我们首先是看函数图像的整体，这个图像是关于一条直线对称的，那么，我们只需看对称轴一侧的图像. 例如我们观察对称轴左侧的图像，可以看到随着时间 x 的增加，图像先是上升再下降，从线段 AP 的长度也就是函数值 y 来分析，就是函数值先是增大然后减小. 结合函数的对称性，也就知道了这个函数的性质了.

下面我们来分析题目中所给出的四个情景：

这是一个等边三角形，动点 P 从 A 点出发，沿着三角形的一边顺时针运动，在这个过程中，随着时间 x 的增加，线段 AP 的长度是增加的，对应到函数来说就是单调递增的. 当到达等边三

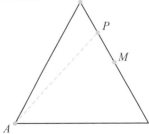

角形顶点处的时候继续运动，线段 AP 的长度开始减小，到第二条边的中点
（设为 M）的时候最小．由于等边三角形是对称图形，线段 AM 所在的直线就
是一条对称轴，所以当动点 P 继续运动的时候，就是重复刚才的变化，只不
过是对称的．

从以上的分析，我们不难得出对应的函数图像就是题目给出的．

如果把动点 P 放在其他的情景下，对应的函数图像应该是怎么样的呢?

如果动点 P 在菱形上，从 A 点出发顺时针运动:

由于菱形具有轴对称性，它的对角线就是它的对称轴，因此，我们只需
研究动点 P 从 A 点出发经过两条边的情景就可以了．

线段 AP 的长度随时间 x 的增加，开始增大，到达菱形的顶点处后开始
减小，到第二条边的中点 N 时最小，然后再增大直至下一个顶点；从函数
的图像看，就是先上升、再下降，接着再上升；然后利用函数整体的对称性
质，就可以知道这个情景下的函数图像了，如图所示．

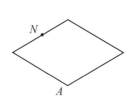
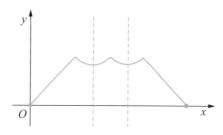

如果动点 P 在正方形上，从 A 点出发顺时针运动: 由于正方形也是轴对
称图形，对角线就是它的对称轴，因此我们还是分析动点 P 在对角线一侧的
两条边上运动时，时间 x 对线段 AP 长度变化的影响，并画出完整的函数图
像示意图如图所示．

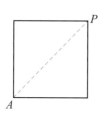
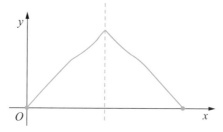

探 索 如果动点 P 在圆上，从 A 点出发顺时针运动，你能不能描述函数
的变化状态? 你能不能画出函数图像的示意图呢?

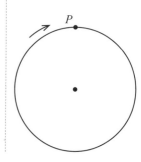

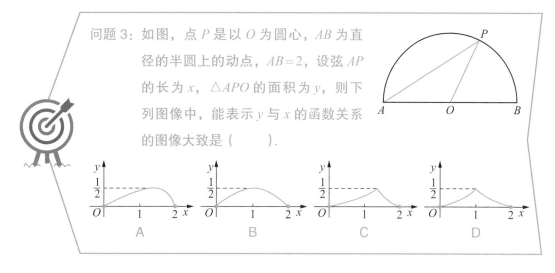

问题 3：如图，点 P 是以 O 为圆心，AB 为直径的半圆上的动点，$AB=2$，设弦 AP 的长为 x，$\triangle APO$ 的面积为 y，则下列图像中，能表示 y 与 x 的函数关系的图像大致是（ ）．

分析：题目未给出函数的解析式，仅给出了和这个函数相关情景的实际图形与可能与之对应的函数图像，我们研究这个函数的性质要从实际情景的图形入手来理解这个函数，进而确定谁是这个函数的图像．

首先，应注意问题中的自变量是弦 AP 的长，由于动点 P 从点 A（不包括 A 点）沿着半圆弧运动到点 B（不包括 B 点），线段 AP 的长度从 0 到 2 但不包括 0 和 2，因此函数自变量的取值范围是 $0<x<2$．

其次，我们要分析当点 P 从 A 点出发到 B 点，随着自变量 x（弦 AP 的长）的增大，对应的函数值 y（$\triangle APO$ 的面积）是如何变化的？我们从实际的图形中看到，$\triangle APO$ 面积的变化实际上是 AO 边上的高的变化，因为底 AO 是不变的．

这个高就是过动点 P 作直径 AB 的垂线段的长．这样，我们就知道了，当动点 P 为圆弧中点 M 的时候，也即是高为半径的时候面积取最大值；那么，此时函数的自变量 x 是什么呢？

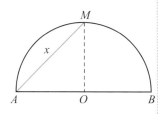

如图，在 Rt$\triangle AOM$ 中，斜边 $AM=x$，直角边 $AO=MO=1$，根据勾股定理，求得 $x=\sqrt{2}$，也就是自变量 x 为 $\sqrt{2}$ 的时候，函数 y 取最大值：$S_{\triangle AOP}=\frac{1}{2}|AO|\cdot|MO|=\frac{1}{2}\times1\times1=\frac{1}{2}$．

从问题中所提供的四个函数图像看，选项 B 和 D 对应的函数图像显然不符合函数在自变量 $x=\sqrt{2}$ 的时候取得最大值 $\frac{1}{2}$ 这个性质．

但问题是：选项 A 和 C 对应的函数图像哪一个符合我们所研究的函数呢？我们关注自变量 $x=1$ 的时候所对应的函数自变量值的大小．

回到实际情景的图像中，当 $|AP|=1$ 的时候，$\triangle APO$ 是边长为 1 的等边三角形，AO 边上的高为 $\frac{\sqrt{3}}{2} \approx 0.866$，很接近面积取得最大值的时候的高，因此，此时 $\triangle APO$ 的面积的值更接近面积的最大值. 对比选项 A 和 C，显然，A 对应的函数图像符合题意.

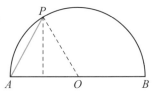

问题 4：加工爆米花时，爆开且不糊的粒数占总粒数的百分比称为"可食用率". 在特定条件下，可食用率 p 与加工时间 t（单位：分钟）满足的函数关系为 $p=at^2+bt+c$（a、b、c 是常数）. 下图记录了三次实验的数据. 根据上述函数模型和实验数据，可以得到最佳加工时间为（　　　）.

A. 3.5 分钟　　　B. 3.75 分钟　　　C. 4 分钟　　　D. 4.25 分钟

分析：根据题意，可食用率 p 与加工时间 t 满足二次函数关系，图像是开口向下的抛物线，怎么来理解这个函数呢？

通过已知的函数图像，我们尝试分析这个函数的性质：

当自变量 $t=3$，也就是 3 分钟的时候，可食用率是 0.7；当自变量 $t=4$，也就是时间是 4 分钟的时候，可食用率是 0.8. 我们想想实际情景，随着时间的增加，可食用率的问题就是你得做熟了，而且还要不糊，所以可食用率是在增加的. 但是到 5 分钟的时候，可食用率又下降了，为 0.5，大家能想象是怎么回事吧？时间增加之后可能加工过度了. 那么，问你最佳的加工时间，也就是在哪一个时刻，自变量为多少的时候，函数值"可食用率"最大.

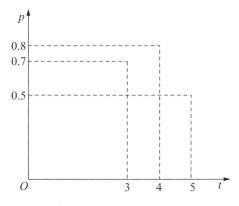

由于我们已经知道这个函数是二次函数，所以应该利用二次函数对称的性质，又因为这个问题是给了选项的选择题形式，所以只需分析选项，不需要大量的运算.

假如最佳加工时间是 4.25 分钟，也就是二次函数的对称轴是 $t=4.25$，那么 $t=3$ 时，对应的函数值 $p=0.7$，与 3 关于直线 $t=4.25$ 对称的自变量显然大于 5，但其对应的函数值大于 $t=5$ 时所对应的函数值 $p=0.5$，这与二次函数的对称性是不符

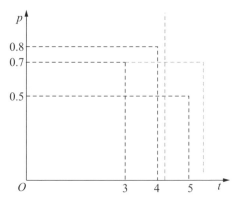

合的.

假如最佳加工时间是 4 分钟，是否符合题意呢？

因为对称轴是 $t=4$，这样，$t=3$ 与 $t=5$ 对应的可食用率应该是一样的，与题目给的条件矛盾.

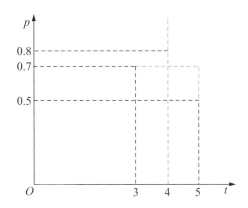

假如最佳加工时间是 3.5 分钟，由于 $t=3$ 与 $t=4$ 关于直线 $t=3.5$ 对称，所以对应的函数值也就是可食用率应该是一样的，但从图像中我们看到是不成立的.

如果最佳加工时间是 3.75 分钟，也就是对称轴是 $t=3.75$ 时，题目所给的数据都是符合二次函数的性质的. 因此答案选 B.

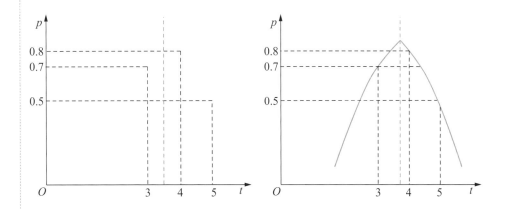

小 结

在这个问题中，似乎没有函数的图像，只是有 3 组相关的数据，相当于图像上的 3 个点. 但是，由于我们知道这是二次函数图像上的 3 个点，就可以结合二次函数图像的对称性来解决问题了.

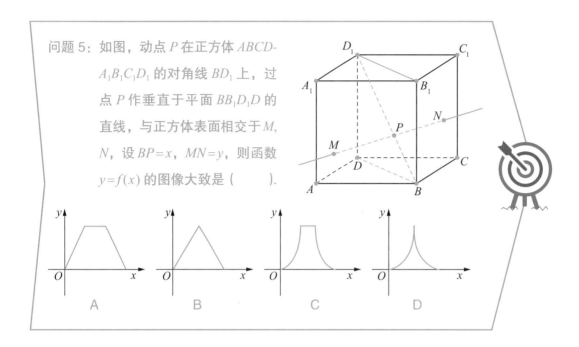

问题5：如图，动点 P 在正方体 $ABCD$-$A_1B_1C_1D_1$ 的对角线 BD_1 上，过点 P 作垂直于平面 BB_1D_1D 的直线，与正方体表面相交于 M, N, 设 $BP=x$, $MN=y$, 则函数 $y=f(x)$ 的图像大致是（　　）.

分析：对于条件的解读要突出线段 BP 长度的变化对线段 MN 长度变化的影响，也就是函数自变量 x 对因变量 y 的影响. 这种分析要有层次，由浅入深地进行剖析：动点 P 在正方体 $ABCD$–$A_1B_1C_1D_1$ 的对角线 BD_1 上运动的过程中，线段 MN 长度由小逐步增大，当增大到最大之后开始逐步减小. 这个变化的过程从代数的角度看，就是当自变量 x 从 0 开始逐渐增大的过程中，函数 $y=f(x)$ 的变化趋势是先增后减. 因而在四个选项中，A、C 反映出来的变化趋势是不符合上述性质的. 那么是选 B 还是选 C？这就要对题目的条件作进一步的分析，以确定函数 $y=f(x)$ 的类型，但不一定要求出这个函数的具体解析式.

实际上，从几何的角度看线段 MN 运动所形成的轨迹是一个过正方体顶点 B、D_1 及棱 AA_1、CC_1 中点的菱形.

如图，在 Rt$\triangle PNB$ 中，$\dfrac{PN}{PB}=\tan\angle PBN$，而 $\angle PBN$ 是一个确定的角，因此，线段 PN 与线段 PB 长度的比值是确定的，它们之间的关系是线性关系，故函数 $y=f(x)$ 的图像类型应该是直线型的，答案选 B.

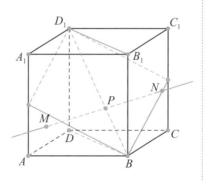

问题6：某棵果树前 n 年的总产量 S_n 与 n 之间的关系如图所示. 从目前记录的结果看，前 m 年的年平均产量最高，m 的值为（　　）.

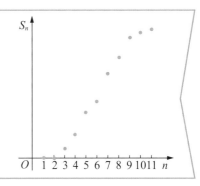

分析：题目以实际应用问题为背景，但其中的数学含义又非常清晰，读完一遍题目，就可以把题目中的"前 n 年的总产量 S_n 与 n 之间的关系"翻译成数学里的"数列的前 n 项和 S_n 与 n 之间的关系".

如果从函数的观点理解数列的问题的话，这个含义又可以进一步延伸成为"函数 $y=f(x)$ 与 x 之间的关系".

题目所提供的图像就是函数的图像，尽管是不连续的. 理解问题如果能够理解到函数的层面，题目中最关键的一句话就非常容易理解了. "前 m 年的年平均产量最高"的含义直接翻译就是"$\dfrac{S_m}{m}$ 的值最大"，从函数的意义来理解的话就是"$\dfrac{f(x)}{x}$ 的值最大"，从这个表达式的几何意义看，就是在图像中点 $(x, f(x))$ 与坐标原点 $(0,0)$ 所确定的斜率最大，题目所要求的是此时的自变量 x.

如果能够如上深刻地理解问题的实质，只需要动手用直尺比一下，就可以发现，当 $m=9$ 时，$\dfrac{S_m}{m}$ 的值最大.

问题7：已知函数 $f(x)=A\sin(\omega x+\varphi)$ 的图像如图所示，$f\left(\dfrac{\pi}{2}\right)=-\dfrac{2}{3}$，求 $f(0)$ 的值.

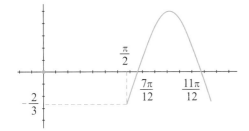

分析：本题尽管没有给出确定的函数解析式，但是明确了函数的类型，并在此基础上给出这个函数的部分图像，求函数值.

如何分析函数图像呢？有的同学希望从图像中能够得到

条件，去求出 A，ω，φ，从而求出函数 $f(x)$ 的解析式．这种思维的出发点还是寄希望于计算求出 $f(0)$．实际上，函数图像是函数性质的直观反映，我们应该结合函数解析式 $f(x)=A\sin(\omega x+\varphi)$，从函数的图像中研究出函数的性质，运用其性质来求得 $f(0)$．

如何通过函数的图像研究函数的性质呢？首先我们要看函数的整体性质及变化的状态：由于这是正弦型函数，所以尽管只是给出了函数的部分图像，但毫无疑问函数图像与 x 轴的交点是函数图像的对称中心，也就是函数 $f(x)=A\sin(\omega x+\varphi)$ 的图像关于点 $\left(\dfrac{7\pi}{12},0\right)$、$\left(\dfrac{11\pi}{12},0\right)$ 为中心对称；同样，在这个部分图像中，我们还能找到函数图像的一条对称轴 $x=\dfrac{9\pi}{12}$，这种对称性不是看出来的，而是依据函数解析式 $f(x)=A\sin(\omega x+\varphi)$，明确了函数是正弦型函数的基础上得到的．当然，我们结合函数图像还能知道这个函数的周期是 $\dfrac{2\pi}{3}$．

这样，计算 $f(0)$ 的问题就转化为求 $f\left(\dfrac{2\pi}{3}\right)$，而要计算 $f\left(\dfrac{2\pi}{3}\right)$，关键是要分析自变量 $\dfrac{2\pi}{3}$ 与已知函数值的自变量 $\dfrac{\pi}{2}$ 的关系．易知，这两个自变量的代数特征是和为 $\dfrac{14\pi}{12}$；反映在几何特征上是在 x 轴上以 $\dfrac{2\pi}{3}$ 与 $\dfrac{\pi}{2}$ 为横坐标的两个点的中点坐标为 $\dfrac{7\pi}{12}$．由函数 $f(x)=A\sin(\omega x+\varphi)$ 的图像关于点 $\left(\dfrac{7\pi}{12},0\right)$ 中心对称的性质，可以得到 $f(0)=f\left(\dfrac{2\pi}{3}\right)=-f\left(\dfrac{\pi}{2}\right)=\dfrac{2}{3}$．

> 本题还可以研究求 $f\left(\dfrac{\pi}{6}\right)$ 的值的问题，你可以试一试．

问题 8：函数 $f(x)=ax^3+bx^2+cx+d$ 的图像如图所示，判断 b 的符号．

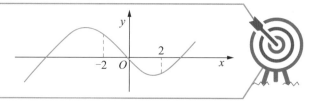

分析：本题给出的是一个三次函数的图像，要求我们能够从给出的图像中提取信息，判断 b 的符号．

如果我们的做法是从计算的角度进行操作，如从图中看到了 $f(-2)>0$、

$f(2)<0$、$f(0)=0$，希望通过计算求出 b 的符号是不切合实际的，也是非本质的．其实 $f(-2)>0$、$f(2)<0$ 并不决定这个函数的性质，我们要学会从图像中去分析函数的整体性质．

从函数的单调性可以看出：这个函数是先递增、再递减、然后再递增的，从而可以判断出导函数 $f'(x)=3ax^2+2bx+c$ 的图像是开口向上与 x 轴交于两个不同点的抛物线，故 $a>0$．

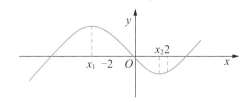

再研究函数 $f(x)$ 的极值、极值点：从图像中我们可以看到函数的极大与极小值点与 -2、2 的大小关系，得出极大值点为正，极小值点为负，且极大值点的绝对值大于极小值点的绝对值．也就是 $f'(x)=3ax^2+2bx+c=0$ 的两个根为异号的两根，且负根的绝对值较大．这样由根与系数的关系可得 $-\dfrac{2b}{3a}<0$．因为 $a>0$，所以 $b>0$．当然，我们也可以通过导函数的图像进行判断：因为导函数的两个零点是异号的，且负的零点的绝对值大，所以导函数图像（开口朝上的抛物线）的对称轴 $x=-\dfrac{b}{3a}$ 在 y 轴的左侧，因此 $-\dfrac{b}{3a}<0$，从而得解．

小　结

综上所述，如何观察函数图像是需要学习和深入思考的．观察图像不是看热闹，要知道看什么，怎么看．最核心的是要能够通过函数解析式及图像，研究出这个函数的性质．

首先要研究函数的整体性质，如对称性：这条性质不是仅仅靠函数图像就能够做出判断的，一定是以函数解析式为依据的．如果给出的函数解析式是 $f(x)=A\cos(\omega x+\varphi)$，就意味着这个函数的图像与 x 轴的交点就是其图像的对称中心，函数 $f(x)=A\cos(\omega x+\varphi)$ 图像上的最高点或最低点就是其图像的对称轴所经过的点．

其次看函数的单调性：这条性质在函数的图像中能够直观地反映出来，但是我们要学会从函数的变化趋势中观察分析函数的极值情况，特别是取得极大值或极小值时函数的自变量，也就是极值点的特征；当然，如果是周期函数，结合其图像我们可以得到这个函数的周期．

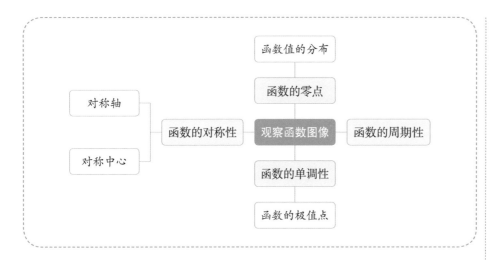

敲黑板

　　研究函数图像的方法就是研究函数性质的思维方法，从图像中观察到的函数性质要以函数解析式为依据，要能够从函数的自变量对因变量影响的角度理解函数的图像，要能够从图像这一直的表达形式分析出函数性质的本质．

　　一句话，看函数图像，要能够看出图像背后的逻辑．

研究函数性质的一般方法：

如何画函数的示意图？

在解决与函数有关的具体问题的时候，首先要做的就是研究函数的性质：不仅要研究这个函数是否具有对称性，还要分析其变化的状态，找到它的单调区间，进而分析其极值．对于比较复杂的函数，可能还要借助导数这一工具．除此之外，类似正弦型或余弦型函数，我们还要研究其是否具有周期性．不仅如此，我们还要研究函数的零点，分析函数图像相对于 x 轴的位置，并借助前面所研究出来的函数性质，在直角坐标系内画出它的示意图．

这个研究的过程，就是运用一般方法研究函数的性质．当要解决针对某一个函数的具体问题的时候，我们就像前面那样，研究这个函数的性质并画出这个函数的示意图，从中找到解决具体问题的具体方法．

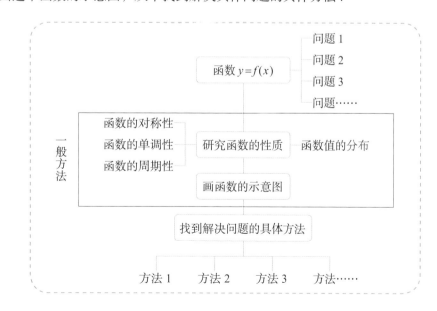

为了训练掌握一般方法研究函数性质的能力，我们可以先不解决针对某一个函数的具体问题，而是仅仅研究其性质，画出示意图．

问题 1：研究函数 $y = \dfrac{e^x + e^{-x}}{e^x - e^{-x}}$ 的性质并画出其示意图．

分析：函数 $y = \dfrac{e^x + e^{-x}}{e^x - e^{-x}}$ 自变量 x 的取值范围是 $(-\infty, 0) \bigcup (0, +\infty)$；

从函数的对称性看，因为满足自变量的和为 0，对应的函数值和为 0，所以是奇函数．

根据对称性，只需要分析这个函数在 $x>0$ 时的性质即可：

从函数值的分布来看，在 $x>0$ 时，由函数解析式 $y = \dfrac{e^x + e^{-x}}{e^x - e^{-x}}$ 知道函数值恒为正值，因此这个函数的图像在 y 轴右侧时一定分布在直角坐标系的第一象限，从而也就知道函数 $y = \dfrac{e^x + e^{-x}}{e^x - e^{-x}}$ 的整体图像分布在坐标系的第一象限和第三象限．

下面最为重要的任务是分析这个函数在 $x>0$ 时的单调性是如何的：

直接求导去判断显然很复杂，运算量很大．

从函数解析式我们可以看到，函数 $y = \dfrac{e^x + e^{-x}}{e^x - e^{-x}}$ 的单调性与 e^x 相关．为此，将这个函数解析式进行化简，$y = \dfrac{e^x + e^{-x}}{e^x - e^{-x}} = \dfrac{e^{2x} + 1}{e^{2x} - 1} = \dfrac{e^{2x} - 1 + 2}{e^{2x} - 1} = 1 + \dfrac{2}{e^{2x} - 1}$，找到 $y = \dfrac{e^x + e^{-x}}{e^x - e^{-x}}$ 与 e^{2x} 的关系，进而判断出 $y = \dfrac{e^x + e^{-x}}{e^x - e^{-x}}$ 的单调性质：

实际上，由 $y = e^{2x}$ 是单调递增函数可知，在 $x>0$ 时 $y = \dfrac{e^x + e^{-x}}{e^x - e^{-x}}$ 是单调递减函数；

根据奇函数的性质可知 $y = \dfrac{e^x + e^{-x}}{e^x - e^{-x}}$ 在 $x<0$ 时也是单调递减函数．

依据 $y = 1 + \dfrac{2}{e^{2x} - 1}$ 我们可以进一步地分析函数值的分布情况：

当自变量 x 趋近于 0 时，函数值 y 趋近于正无穷，函数图像无限地接近 y 轴正半轴；当自变量 x 趋近于正无穷时，函数值 y 趋近于 1，函数图像无限地接近直线 $y=1$．至此可以画出反映这个函数性质的示意图了，如图所示．

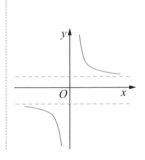

上述分析，是我们研究函数性质要做到的．示意图是函数性质的直观表达，也是解决具体函数问题时找到具体方法的依据、来源．

问题 2：研究函数 $y - \dfrac{x}{e^x}$ 的性质并画出函数的示意图．

分析：显然，这个函数不具有对称性．从函数解析式 $y = \dfrac{x}{e^x}$ 知道，函数值的符号由函数 $y=x$ 的符号决定，函数 $y = \dfrac{x}{e^x}$ 的零点 $x=0$，可以得出函数值的分布：

$x>0$ 时，$y>0$，其图像在 x 轴的上方；

$x=0$ 时，$y=0$，图像通过坐标原点；

$x<0$ 时，$y<0$，其图像在 x 轴的下方．

由此可知，函数图像分布在第一象限、过坐标原点、第三象限．

对函数变化状态的研究通过其导函数的符号来判断：

由于 $y' = \dfrac{e^x - xe^x}{e^{2x}} = \dfrac{e^x(1-x)}{e^{2x}}$，导函数的符号由一次函数 $y=1-x$ 的符号决定：

$x<1$ 时，$y'>0$；$x>1$ 时，$y'<0$.

即函数 $y=f(x)$ 在 $(-\infty,\ 1)$ 上单调递增，在 $(1,\ +\infty)$ 上单调递减；

$f(x)_{\max} = f(1) = \dfrac{1}{e} > 0$．

根据上述函数性质，可以画出这个函数的示意图，如图所示．至此完成对函数 $y = \dfrac{x}{e^x}$ 性质的研究．

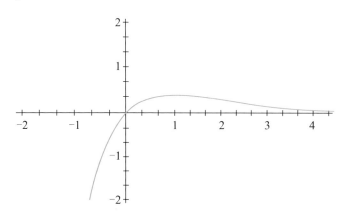

围绕函数 $y=\dfrac{x}{e^x}$ 还可以探讨若干问题，如讨论：

（1）方程 $x=me^x$ 的根的个数与 m 的关系如何？

将方程变形为 $m=\dfrac{x}{e^x}$，根据函数 $y=m$，$y=\dfrac{x}{e^x}$ 的图像的交点个数可以来判断方程根的个数．如图所示，可知：当 $0<m<\dfrac{1}{e}$ 时，方程有两个根；当 $m\leqslant 0$ 或 $m=\dfrac{1}{e}$ 时，方程有一个根；当 $m>\dfrac{1}{e}$ 时，方程没有实数根．

本题也可讨论函数 $y=me^x-x$ 的零点个数问题，同样可以转化为研究函数 $y=m$，$y=\dfrac{x}{e^x}$ 图像的交点个数问题．

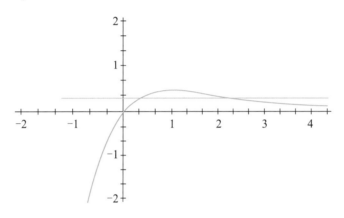

（2）讨论方程 $\dfrac{x}{e^x}=x^2-2x+m$ 的根的个数问题，也等于讨论方程 $x=(x^2-2x+m)e^x$ 的根的个数或函数 $y=(x^2-2x+m)e^x-x$ 的零点个数问题．

以下我们做一讨论：将研究方程 $\dfrac{x}{e^x}=x^2-2x+m$ 的有关问题转化为研究函数 $y=\dfrac{x}{e^x}$ 与函数 $y=x^2-2x+m$ 的关系问题；对两个函数的研究关注点首先放在这两个函数的性质分析上，并结合函数图像的关系所反映出来的几何特征，用代数的数量关系来刻画．

因为二次函数 $y=x^2-2x+m$ 配方后得 $y=(x-1)^2+m-1$，知二次函数图像的对称轴是 $x=1$，为开口向上的抛物线，$y=(x-1)^2+m-1$ 的对称轴穿过函数 $y=\dfrac{x}{e^x}$ 取得极大值的位置，这是两个函数的关系反映在图像上的几何特征．因此，对于原方程的根的讨论就转化为两个函数图像交点个数即可．就是通过比较二次函数 $y=(x-1)^2+m-1$ 的最小值 $m-1$ 和函数 $y=\dfrac{x}{e^x}$ 的最大值 $\dfrac{1}{e}$，就可以得到这两个函数图像交点个数与 m 的关系，进而得到原方程的根的个数与 m 的关系．

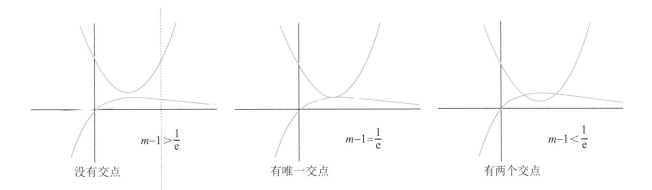

$$m-1 > \frac{1}{e}$$

没有交点

$$m-1 = \frac{1}{e}$$

有唯一交点

$$m-1 < \frac{1}{e}$$

有两个交点

小结

可以看出，对于（1）和（2）讨论，本质上都是一样的，都是将方程根的个数问题或者是函数的零点个数问题转化为函数 $y = \dfrac{x}{e^x}$ 与其他函数的关系问题．

（3）研究函数 $f(x) = \dfrac{x}{e^x}$ 的性质，试比较对任意 $t \in (0,1)$，$f(1-t)$、$f(1+t)$ 的大小，并给出证明．

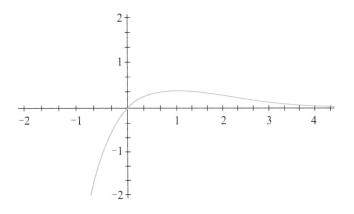

分析：如果对函数 $f(x) = \dfrac{x}{e^x}$ 的性质有研究，应该能看懂题目的含义．要比较的两个函数值所对应的自变量 $1-t$ 和 $1+t$ 在数轴上是以 1 为中点的两个点的坐标，由于 $t \in (0,1)$，所以 $1-t$ 对应的点在坐标原点（0，0）与点（1，0）之间，而 $1+t$ 所对应的点在（1，0）与点（2，0）之间．1 的代数含义是函数 $f(x) = \dfrac{x}{e^x}$ 的极大值点；为了比较 $f(1-t)$、$f(1+t)$ 的大小，做差：$f(1-t) - f(1+t) = \dfrac{(1-t)e^{1+t} - (1+t)e^{1-t}}{e^2}$，因为 $e^2 > 0$，只需判断分子的符号．

令 $h(t)=(1-t)\mathrm{e}^{1+t}-(1+t)\mathrm{e}^{1-t}$，其中 $t\in(0,1)$，因为 $h'(t)=t(\mathrm{e}^{1-t}-\mathrm{e}^{1+t})<0$，$h(t)$ 单调递减，$h(t)<h(0)=0$，故有 $f(1-t)-f(1+t)<0$，即 $f(1-t)<f(1+t)$.

这个结论可以理解为是函数 $f(x)=\dfrac{x}{\mathrm{e}^x}$ 的一个性质，我们来看是否可以运用这个性质解决下面的问题.

（4）已知函数 $f(x)=\dfrac{x}{\mathrm{e}^x}$，若 $f(x_1)=f(x_2)$，（$0<x_1<1<x_2$），比较 x_1+x_2 与 2 的大小.

分析：因为 $0<x_1<1$，所以，$2-x_1>1$，根据上面的研究我们知道 $f(x_1)<f(2-x_1)$，又有 $f(x_1)=f(x_2)$，因此 $f(x_2)<f(2-x_1)$. 分析 $f(x)$ 的单调性，因为 $x_2\in(1,+\infty)$，$2-x_1\in(1,+\infty)$，而 $(1,+\infty)$ 是函数 $f(x)$ 的单调递减区间，故 $x_2>2-x_1$，即 $x_1+x_2>2$．

问题 3：研究函数 $y=\dfrac{\mathrm{e}^x}{x}$ 的性质并画出函数的示意图．

分析：由函数解析式 $y=\dfrac{\mathrm{e}^x}{x}$ 可知，这个函数的自变量 x 不能取 0，因此图像一定是断开的，而且没有对称性．

函数 $y=\dfrac{\mathrm{e}^x}{x}$ 无零点，但是知道当 $x>0$ 时，$y>0$，其图像在 x 轴的上方；$x<0$ 时，$y<0$，其图像在 x 轴的下方．因此函数的图像是分布在第一象限和第三象限的间断的两段函数图像．

对于函数的变化状态的研究则需要通过其导函数的符号来刻画.

$y'=\dfrac{\mathrm{e}^x(x-1)}{x^2}$，

$x\in(-\infty,0)$ 或 $x\in(0,1)$，$y'<0$，函数 $y=\dfrac{\mathrm{e}^x}{x}$ 单调递减；

$x\in(1,+\infty)$，$y'>0$，函数 $y=\dfrac{\mathrm{e}^x}{x}$ 单调递增．

$x=1$ 是函数 $y=\dfrac{\mathrm{e}^x}{x}$ 的极小值点，极小值为 e.

至此，可以画出函数的示意图.

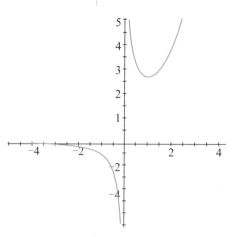

问题 4：研究函数 $f(x)=\mathrm{e}^x(2x-1)$ 性质，画出其示意图.

分析：$f(x)$ 定义域为 $\mathbf{R}$，没有对称性.

令 $f(x)=\mathrm{e}^x(2x-1)=0$，得函数的零点 $x=\dfrac{1}{2}$，函数值的符号由 $y=2x-1$ 的符号决定：

当 $x<\dfrac{1}{2}$ 时，$f(x)<0$，函数的图像在 x 轴的下方；

当 $x>\dfrac{1}{2}$ 时，$f(x)>0$，函数的图像在 x 轴的上方.

下面对函数 $f(x)$ 求导，研究其变化状态：

$f'(x)=\mathrm{e}^x(2x+1)$，导函数的符号由 $g(x)=2x+1$ 的符号决定：

$x=-\dfrac{1}{2}$ 为导函数的零点，$x<-\dfrac{1}{2}$ 时，$f'(x)<0$，函数 $f(x)$ 单调递减；$x>-\dfrac{1}{2}$，$f'(x)>0$，函数 $f(x)$ 单调递增.

至此，我们可以画出函数 $f(x)=\mathrm{e}^x(2x-1)$ 的示意图，如下图所示.

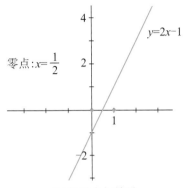

零点：$x=\dfrac{1}{2}$

$f(x)$ 的零点与符号

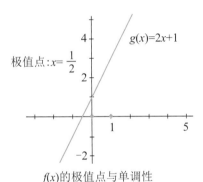

极值点：$x=\dfrac{1}{2}$

$f(x)$ 的极值点与单调性

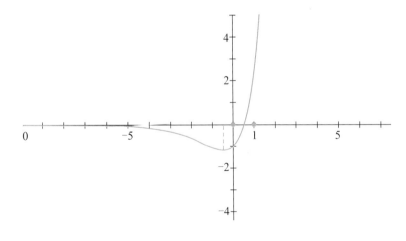

问题 5：研究函数 $f(x)=(2x-x^2)\mathrm{e}^x$ 性质，画出其示意图.

分析：$f(x)$ 定义域为 $\mathbf{R}$，没有对称性.

函数 $f(x)$ 的符号由 $g(x)=2x-x^2$ 的符号决定，令 $g(x)=2x-x^2=0$，得函

数 $f(x)$ 的零点 $x=0$ 或 $x=2$. 结合函数 $g(x)=2x-x^2$ 图像可知：$x\in(-\infty，0)$ 或 $x\in(2，+\infty)$ 时，$f(x)<0$，函数 $f(x)$ 图像在 x 轴下方；$x\in(0，2)$ 时，$f(x)>0$，函数 $f(x)$ 图像在 x 轴上方．

再看导函数 $f'(x)=\mathrm{e}^x(2-x^2)$，导函数的符号由 $r(x)=2-x^2$ 的符号决定，如图．

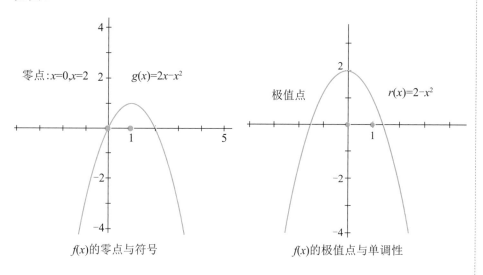

$f(x)$ 的零点与符号 　　　　 $f(x)$ 的极值点与单调性

$x\in(-\infty,-\sqrt{2})$ 或 $x\in(\sqrt{2},+\infty)$ 时，$f'(x)<0$，函数 $f(x)$ 单调递减；

$x\in(-\sqrt{2},\sqrt{2})$ 时，$f'(x)>0$，函数 $f(x)$ 单调递增．

结合以上对函数 $f(x)$ 的零点与极值点的分析，我们可以画出函数 $f(x)=(2x-x^2)\mathrm{e}^x$ 的示意图（如下图）．

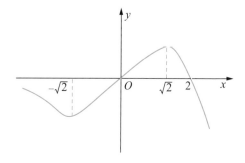

问题 6：研究函数 $f(x)=\mathrm{e}^x-\ln(x+1)$ 性质，画出其示意图．

分析：定义域为 $(-1,+\infty)$．

研究函数的零点，令 $f(x)=\mathrm{e}^x-\ln(x+1)=0$，得 $\mathrm{e}^x=\ln(x+1)$，在直角坐标

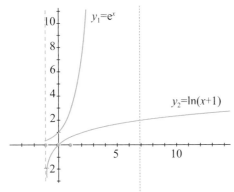

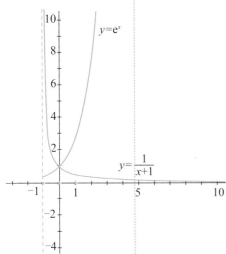

系中画出函数 $y_1=e^x$ 与 $y_2=\ln(x+1)$，如图所示.

可以看出，$f(x)=e^x-\ln(x+1)$ 没有零点；

因为函数 $y_1=e^x$ 的图像在 $y_2=\ln(x+1)$ 图像的上方，因此，$f(x)=e^x-\ln(x+1)>0$，函数 $f(x)$ 图像在 x 轴上方.

研究函数的单调性. $f'(x)=e^x-\dfrac{1}{x+1}$，令 $f'(x)=0$，即 $e^x=\dfrac{1}{x+1}$，结合左侧图像可知：

（1）$x\in(-1,\ 0)$ 时，$e^x<\dfrac{1}{x+1}$，故 $f'(x)=e^x-\dfrac{1}{x+1}<0$，因此，函数 $f(x)=e^x-\ln(x+1)$ 在区间（-1，0）是单调递减函数；

（2）$x\in(0,\ +\infty)$ 时，$e^x>\dfrac{1}{x+1}$，故 $f'(x)=e^x-\dfrac{1}{x+1}>0$，因此，函数 $f(x)=e^x-\ln(x+1)$ 在区间 $(0,+\infty)$ 是单调递增函数.

由（1）（2）可知，函数 $f(x)$ 在 $x=0$ 处取得极小值 $f(0)=1$.

据此，可以画出函数 $f(x)=e^x-\ln(x+1)$ 的图像，如图所示.

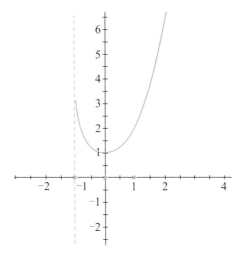

问题 7：研究函数 $f(x)=\dfrac{2x-b}{(x-1)^2}$ 性质，画出其示意图.

分析：定义域 $(-\infty,1)\bigcup(1,+\infty)$.

研究函数的零点. 由 $f(x)=\dfrac{2x-b}{(x-1)^2}=0$，得 $x=\dfrac{b}{2}$，

函数值的符号与 $y=2x-b$ 的符号一致，

当 $x \in \left(-\infty, \dfrac{b}{2}\right)$ 时，$f(x) < 0$，函数图像在 x 轴下方；

当 $x \in \left(\dfrac{b}{2}, +\infty\right)$ 时，$f(x) > 0$，函数图像在 x 轴上方．

研究函数的单调性．

$$f'(x) = \frac{2(x-1)^2 - 2(x-1)(2x-b)}{(x-1)^4}$$

$$= \frac{2(x-1)(x-1-2x+b)}{(x-1)^4} = -\frac{2(x-1)(x+1-b)}{(x-1)^4}$$

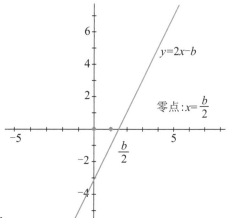

$f(x)$ 的零点与符号

导函数 $f'(x)$ 的符号与 $g(x) = -(x-1)(x+1-b)$ 的符号一致，极值点为 $x = b-1$，而 $x = 1$ 不在定义域内．

以下分 ① $b-1>1$、② $b-1<1$、③ $b-1=1$ 三种情况，画出函数 $g(x)$ 的图像，分析函数 $f(x)$ 的单调性，再讨论函数 $f(x)$ 的零点 $x = \dfrac{b}{2}$ 与 1 和 $b-1$ 的大小关系，确定函数 $f(x)$ 图像的位置，进而画出函数 $f(x) = \dfrac{2x-b}{(x-1)^2}$ 的示意图．

① $b > 2$ 时，$g(x)$ 的图像如图所示．

$x \in (-\infty, 1)$ 或 $x \in (b-1, +\infty)$ 时，导函数 $f'(x) < 0$，函数 $f(x)$ 单调递减；

$x \in (1, b-1)$ 时，导函数 $f'(x) > 0$，函数 $f(x)$ 单调递增．

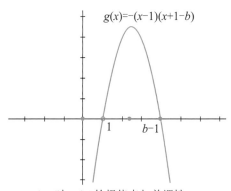

$b>2$ 时，$f(x)$ 的极值点与单调性

此时，函数的零点 $\dfrac{b}{2} > 1$，又因为 $\dfrac{b}{2} - (b-1) = \dfrac{2-b}{2} < 0$，所以，$\dfrac{b}{2} < b-1$，如图所示：

思考 1　如下图，你能结合函数 $f(x)$ 的单调性及函数值的分布，先用语言表述一下函数 $f(x)$ 示意图的样子吗？

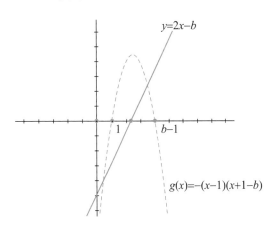

思考后，再画出函数 $f(x)$ 在 $b > 2$ 时的示意图．

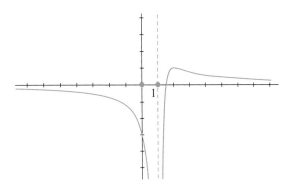

② $b < 2$ 时，$g(x)$ 的图像如图所示．

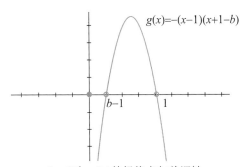

$b < 2$ 时，$f(x)$ 的极值点与单调性

$x \in (-\infty, b-1)$ 或 $x \in (1, +\infty)$ 时，导函数 $f'(x) < 0$，函数 $f(x)$ 单调递减，

$x \in (b-1, 1)$ 时，导函数 $f'(x) > 0$，函数 $f(x)$ 单调递增．

此时，函数的零点 $\dfrac{b}{2} < 1$，又因为 $\dfrac{b}{2} - (b-1) = \dfrac{2-b}{2} > 0$，所以，$\dfrac{b}{2} > b-1$，

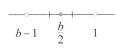

如图所示．

思考 2 如下图，你能结合函数 $f(x)$ 的单调性及函数值的分布，先用语言表述一下函数 $f(x)$ 示意图的样子吗？

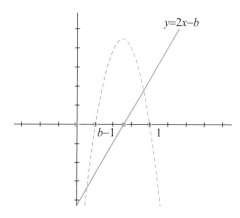

再画出函数 $f(x)$ 在 $b<2$ 时的示意图：

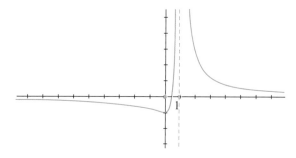

③ $b=2$ 时，$g(x)$ 的图像如图所示．由图可知：$x\in(-\infty,1)$ 或 $x\in(1,+\infty)$ 时，导函数 $f'(x)<0$，函数 $f(x)$ 单调递减．此时，$\dfrac{b}{2}=1$，函数的零点不存在 又 $\dfrac{b}{2}(b-1)-\dfrac{2-b}{2}=0$，即 $\dfrac{b}{2}=b-1=1$．

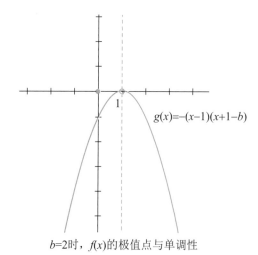

$b=2$时，$f(x)$的极值点与单调性

思考 3 如下图，你能结合函数 $f(x)$ 的单调性及函数值的分布，先用语言表述一下函数 $f(x)$ 示意图的样子吗？

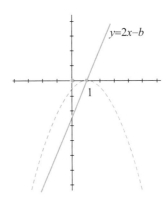

再画出函数 $f(x)$ 在 $b=2$ 时的示意图：

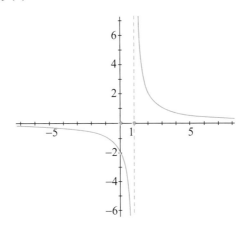

小　结

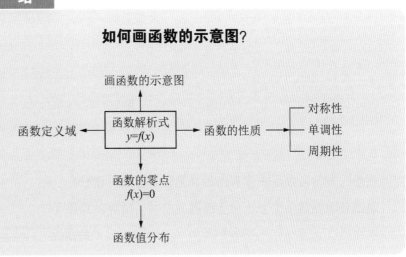

看清研究对象的本质：

你是谁？

解决数学问题，就是要对所要研究的对象进行理解、分析．

如：对于函数要研究它有什么代数性质；如果是平面解析几何问题中的椭圆，我们要研究它有什么几何性质；如果涉及的对象是两个或更多，我们还要研究它们之间的关系，例如两个函数之间的关系，两个几何对象之间的位置关系等．但是，在研究性质或关系之前，更重要的是确定研究对象的属性，它是谁？这个问题如果出现偏差，可能后面的研究就没有意义了．

> 问题 1：你如何理解"曲线 $\dfrac{x^2}{4} - \dfrac{y^2}{a} = 1(a \neq 0)$"？

思考：很多时候，如果你不加思考，可能就会脱口而出：这是双曲线，焦点在 x 轴上．

这种判断显然是没有进行数学思维活动，仅仅是依据曲线方程外在的形式做出的，因而也是错误的．实际上，我们应该对方程中的参数 a 做分析，它是除了 0 以外的任意一个实数，因此，它不一定就是大于 0 的，当然如果 $a > 0$，$\dfrac{x^2}{4} - \dfrac{y^2}{a} = 1$ 表示的就是焦点在 x 轴上的双曲线；那么，如果 $a < 0$ 呢？你还不能就说一定是椭圆，为什么呢？

$a = -4$ 时，方程 $\dfrac{x^2}{4} - \dfrac{y^2}{a} = 1$ 表示的是以 $(0, 0)$ 为圆心，半径为 2 的圆；

$a < 0$ 且 $a \neq -4$ 时，方程 $\dfrac{x^2}{4} - \dfrac{y^2}{a} = 1$ 表示的是椭圆．

问题 2： 直线 $y = kx + 1$ 与椭圆 $\dfrac{x^2}{5} + \dfrac{y^2}{m} = 1$ 恒有公共点，求 m 的取值范围．

思考：这个问题中有两个研究对象．

一个是直线 $y = kx + 1$，这个直线方程所代表的直线不是一条而是无数条，是动的直线，这是由参数 k 可以取任意实数值决定的；又因为 $x = 0$ 时，$y = 1$，这个代数特征对应的几何含义告诉我们，这个直线方程所对应的直线都是过定点（0，1）的．

另一个对象就是椭圆 $\dfrac{x^2}{5} + \dfrac{y^2}{m} = 1$，这里，参数 m 的取值范围是什么呢？由于明确了方程 $\dfrac{x^2}{5} + \dfrac{y^2}{m} = 1$ 所对应的曲线的类型，因此，仅仅 $m > 0$ 还不能保证是椭圆，还需要限定 $m \neq 5$．

直线 $y = kx + 1$ 与椭圆 $\dfrac{x^2}{5} + \dfrac{y^2}{m} = 1$ 恒有公共点表明，点 $(0, 1)$ 在椭圆 $\dfrac{x^2}{5} + \dfrac{y^2}{m} = 1$ 上或其内部，则对应的代数化为 $\dfrac{0}{5} + \dfrac{1}{m} < 1$；结合 $m > 0$ 和 $m \neq 5$，可得 $m \in (1, 5) \bigcup (5, +\infty)$．

问题 3： 如何理解"圆 $C: (x - m)^2 + (y - 2m)^2 = 4$"？

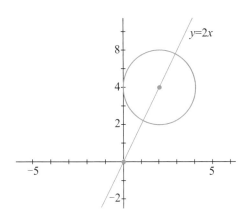

思考：我们在理解这个方程的时候，一定先从代数特征的角度去认识，不要急于给出几何的结论．实际上，因为参数 m 的值是不确定的，因此，这个圆的圆心 $(m, 2m)$ 就不是确定的，因而圆也就不是确定的圆了，其位置随着圆心的变化而变化，圆的大小不变．进一步分析圆心的坐标，不难得出纵坐标是横坐标的 2 倍，满足方程 $y = 2x$；从几何的角度看，就是圆心在直线 $y = 2x$ 上运动．

问题 4：求和：$2^n + 2^{n-1} \cdot 3 + 2^{n-2} \cdot 3^2 + \cdots + 2 \cdot 3^{n-1} + 3^n = \underline{\hspace{1.5cm}}$ $(n \in \mathbf{N}^*)$.

当你看到上面这个问题的时候，你是如何理解的呢？

可能有的人会这样想：

甲同学："把 2^n 提出来，再求和……"

乙同学："用错位相减法求和……"

丙同学："这是运用二项式定理来做吧……"

老师：……

这样理解问题实际上是没有理解，一上来就是操作，想马上把这个数列的和求出来，但往往欲速则不达，要么根本做不出来，要么做起来走了弯路，计算量大．

那么，我们应该如何理解这个问题呢？

在初中，当我们见到函数解析式 $y = ax^2 + 2x - 1$ 的时候，如果马上就判断这是二次函数就很容易出现错误．为什么呢？因为这样回答的时候只是从形式上做出了判断，而没有理解参数 a 的含义．实际上，由于 $a \in \mathbf{R}$，所以，在 $a = 0$ 时，这个函数的解析式是 $y = 2x - 1$，不是二次函数．这个例子告诉我们，研究数学问题首先就要研究你所面对的研究对象的属性．如果我们在解决问题时，连所要研究的对象是谁都不清楚的话，怎么可能解决好问题呢？

在这个问题中，对于 $2^n + 2^{n-1} \cdot 3 + 2^{n-2} \cdot 3^2 + \cdots + 2 \cdot 3^{n-1} + 3^n$ 这个求和问题，不应该上来就想着如何求和，而是首先要看清楚这个问题的对象是什么．

它是谁？首先这是一个数列：2^n，$2^{n-1} \cdot 3$，$2^{n-2} \cdot 3^2$，$\cdots$，$2 \cdot 3^{n-1}$，3^n

不难发现从第二项起，后项与前项的比是同一个常数，这是一个首项为 2^n，公比为 $\dfrac{3}{2}$，项数为 $n+1$ 的等比数列．

当我们了解了研究对象的属性，掌握了研究对象的性质，也就找到了解决与这个研究对象相关问题的方法．

问题 5：如何理解 $f(n) = 2 + 2^4 + 2^7 + 2^{10} + \cdots + 2^{3n+10}$ $(n \in \mathbf{N}^*)$？

思考：很容易判断，这是一个首项为 2，公比为 8 的等比数列的求和问题，但是项数是多少呢？

用归纳法来思考：

$f(1) = 2 + 2^4 + 2^7 + 2^{10} + 2^{13}$ 有 5 项；

$f(2) = 2 + 2^4 + 2^7 + 2^{10} + 2^{13} + 2^{16}$，有 6 项；

$f(3) = 2 + 2^4 + 2^7 + 2^{10} + 2^{13} + 2^{16} + 2^{19}$，有 7 项……

由此归纳得：$f(n) = 2 + 2^4 + 2^7 + 2^{10} + \cdots + 2^{3n+10}$ 有 $n+4$ 项．

也可以从底数 2 的指数是等差数列这个特点入手，同样可以得到 $f(n)$ 有 $n+4$ 项．

至此，我们才真正了解了研究对象 $f(n) = 2 + 2^4 + 2^7 + 2^{10} + \cdots + 2^{3n+10}$ $(n \in \mathbf{N}^*)$，当然，求 $f(n)$ 也就是水到渠成的事情了．

问题 6：已知数列 $\{a_n\}$，$a_1 = -2$，$a_{n+1} = S_n$，求通项公式 a_n．

思考：数列 $\{a_n\}$ 是什么数列？

用归纳法分析：$a_1 = -2$，$a_2 = -2$，$a_3 = -4$，$a_4 = -8$，$\cdots$

可知数列 $\{a_n\}$ 从第二项起是公比为 2 的等比数列；

得 $a_n = \begin{cases} -2 & (n=1) \\ -2 \cdot 2^{n-2} = -2^{n-1} & (n \geq 2) \end{cases}$；

如果我们换个角度分析，根据 $a_{n+1} = S_n$ 可知：

$S_1 = -2$，$S_2 = -4$，$S_3 = -8$，$\cdots$

可以看出：数列 $\{S_n\}$ 是等比数列．从而将已知条件 $a_{n+1} = S_n$ 改为 $S_{n+1} - S_n = S_n$，即 $S_{n+1} = 2S_n$．

由 $\dfrac{S_{n+1}}{S_n} = 2$ 知数列 $\{S_n\}$ 是首项为 -2，公比为 2 的等比数列，因此，

$S_n = -2 \cdot 2^{n-1} = -2^n$．

再利用 a_n 与 S_n 的关系可以求得：

$$a_n = \begin{cases} -2 & , n=1 \\ S_{n+1} - S_{n-1} = -2^{n-1} & , n \geq 2 \end{cases}.$$

老师说

从上例可以看出，要注意研究与数列 $\{a_n\}$ 关系密切的数列 $\{S_n\}$. 如果数列 $\{a_n\}$ 不是特殊数列，如等差数列或等比数列的话，再看看数列 $\{S_n\}$，如果是特殊数列，就可以先求出 S_n，再利用 S_n 与 a_n 的关系求出通项 a_n.

问题 7：设数列 $\{a_n\}$ 满足 $a_1 + 3a_2 + 3^2 a_3 + \cdots + 3^{n-1} a_n = \dfrac{n}{3}$，$n \in \mathbf{N}^*$. 求数列 $\{a_n\}$ 的通项.

思考：对于已知条件 $a_1 + 3a_2 + 3^2 a_3 + \cdots + 3^{n-1} a_n = \dfrac{n}{3}$，$n \in \mathbf{N}^*$ 如何理解呢？主要是等式左边的式子怎么理解的问题.

实际上，等式的左端就是一个数列前 n 项的和，只不过不是数列 $\{a_n\}$ 的，而是数列 $\{3^{n-1} a_n\}$ 的前 n 项和.

因此，还是可以利用 $a_n = S_n - S_{n-1}$ $(n \geq 2)$ 的关系解决问题.

因为 $a_1 + 3a_2 + 3^2 a_3 + \cdots + 3^{n-1} a_n = \dfrac{n}{3}$，　　　　　　　　　①

所以 $n \geq 2$ 时，$a_1 + 3a_2 + 3^2 a_3 + \cdots + 3^{n-2} a_{n-1} = \dfrac{n-1}{3}$，　　　②

① $-$ ②得 $3^{n-1} a_n = \dfrac{1}{3}$，即 $a_n = \dfrac{1}{3^n}$．

在①中，令 $n=1$，得 $a_1 = \dfrac{1}{3}$，故 $a_n = \dfrac{1}{3^n}$ $(n \in \mathbf{N}^*)$.

理解本题题意的焦点在于怎样认识 $a_1 + 3a_2 + 3^2 a_3 + \cdots + 3^{n-1} a_n = \dfrac{n}{3}$，$n \in \mathbf{N}^*$.

问题 8：在等比数列 $\{a_n\}$ 中，若 $a_1 = \dfrac{1}{2}$，$a_4 = -4$，求 $|a_1| + |a_2| + \cdots + |a_n| = $ _____.

思考：因为 $a_1 = \dfrac{1}{2}$，$a_4 = -4$，可得数列 $\{a_n\}$ 公比 $q = -2$；

这是一个正负相间的等比数列：$\dfrac{1}{2}$，-1，2，-4，8，$\cdots$

求 $|a_1| + |a_2| + \cdots + |a_n|$ 需要把绝对值符号去掉吗？如果对项数 n 分奇偶数进行分类讨论，可以去掉绝对值符号，但是略显烦琐；

实际上，$|a_1|$，$|a_2|$，$\cdots$，$|a_n|$ 也是数列，是等比数列 $\{a_n\}$ 的各项加绝对值符号之后的新数列，那么这是什么数列呢？

等比数列 $\{a_n\}$：$\dfrac{1}{2}$，-1，2，-4，8，$\cdots$

数列 $\{|a_n|\}$：$\dfrac{1}{2}$，1，2，4，8，$\cdots$，仍然是等比数列，公比为 2.

因此，$|a_1| + |a_2| + \cdots + |a_n| = \dfrac{\dfrac{1}{2}(1 - 2^n)}{1 - 2} = 2^{n-1} - \dfrac{1}{2}$.

小　结

综上，无论研究什么问题，对于研究对象属性的认识都是第一位的．只有知道了它是谁，才可能进一步地研究它的性质，研究它与其他研究对象之间的关系，并最终解决与它相关的问题．

平面解析几何的基本思想：
用代数方法研究几何问题

平面解析几何的核心思想就是用代数方法解决几何问题．如何理解这句话呢？

我们来看这样一个问题：

问题 1：A、B 两点在抛物线 $y^2 = 2px$ 上，$OA \perp OB$，连 AB，称线段 AB 为抛物线 $y^2 = 2px$ 直角弦，那么，直角弦 AB 有什么几何性质呢？

分析：抛物线 $y^2 = 2px$ 和直角弦 AB 是我们要研究的几何对象，要研究其有什么几何的性质．一种研究方法是借助计算机软件如几何画板，来观察在直角弦 AB 运动的背景下所呈现出来的不变的几何性质．这样的研究不是运用代数的方法去研究几何的问题，尽管可能通过观察几何对象的变化发现了它的几何性质之后，再用代数的方法去验证，但用代数的方法研究几何问题的味道已经不"浓"了．什么是味道更"浓"的代数化的方法呢？

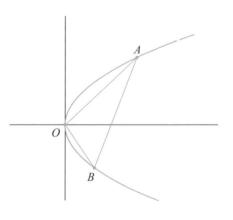

我们应该从几何对象的几何性质进行研究，再做代数化：设点 $A(x_1, y_1)$，$B(x_2, y_2)$，

① $OA \perp OB$（几何性质）$\Leftrightarrow x_1 x_2 + y_1 y_2 = 0$（代数化）；

②点 $A(x_1, y_1)$, $B(x_2, y_2)$ 在抛物线 $y^2 = 2px$ 上（几何性质）$\Leftrightarrow y_1^2 = 2px_1$, $y_2^2 = 2px_2$（代数化）.

由①②推出 $y_1 y_2 = -4p^2$ 这个代数结论，又反映了怎样的几何特征呢？

为了研究直角弦 AB 的性质，我们建立直线 AB 的方程：

$$y - y_1 = \frac{y_1 - y_2}{x_1 - x_2}(x - x_1) \text{, 又 } x_1 = \frac{y_1^2}{2p} \text{, } x_2 = \frac{y_2^2}{2p} \text{,}$$

所以 $y - y_1 = \dfrac{y_1 - y_2}{\dfrac{y_1^2}{2p} - \dfrac{y_2^2}{2p}}(x - \dfrac{y_1^2}{2p})$,

所以 $y = \dfrac{y_1 - y_2}{\dfrac{y_1^2}{2p} - \dfrac{y_2^2}{2p}}(x - \dfrac{y_1^2}{2p}) + y_1$, 化简得 $y = \dfrac{2p}{y_1 + y_2}x + \dfrac{y_1 y_2}{y_1 + y_2}$,

而 $y_1 y_2 = -4p^2$, 化简整理得：$y = \dfrac{2p}{y_1 + y_2}(x - 2p)$. 由直线 AB 的这个方程可知直角弦 AB 过定点 $(2p, 0)$.

老师说

上述研究抛物线直角弦过定点的方法就是用代数方法解决几何问题的一般方法. 直角弦所在的直线是否过定点或具有其他的什么几何的性质，不是靠观察图像得到的，不是依赖计算机课件演示得到的，而是借助直线的代数形式直线方程的分析得到的.

1. 通过研究几何对象的性质，找到代数化的方法

在平面解析几何的研究中，如果研究的对象是一个：如一条直线、一个圆、椭圆、双曲线或抛物线等，那么我们就要通过这个对象的代数形式曲线方程，也可以结合它的几何图形、有关的代数值等来研究这个对象的几何性质；再借助这个几何对象的几何性质，选择最恰当的代数化方法来解决这个问题.

这个过程可以提炼为：

问题2：双曲线 $\dfrac{x^2}{16} - \dfrac{y^2}{9} = 1$ 右支上一点 M，$\triangle F_1F_2M$ 的内切圆与 x 轴切于 P 点，则 $|PF_1| - |PF_2|$ 的值是多少？

分析：在双曲线 $\dfrac{x^2}{16} - \dfrac{y^2}{9} = 1$ 的背景下，$\triangle F_1F_2M$ 的内切圆就是要研究性质的研究对象：

（1）几何性质的研究

如图，设点 A，B 为 $\triangle F_1F_2M$ 的内切圆的另外两个切点，根据切线长定理知道：$|PF_1| = |AF_1|$，$|PF_2| = |BF_2|$，$|MA| = |MB|$；

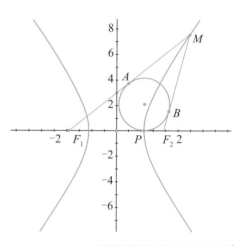

（2）代数化方法的寻找

$|PF_1| - |PF_2| = |AF_1| - |BF_2| = (|MA| + |AF_1|) - (|MB| + |BF_2|) = |MF_1| - |MF_2|$，因为点 M 在双曲线 $\dfrac{x^2}{16} - \dfrac{y^2}{9} = 1$ 的右支上，所以有 $|MF_1| - |MF_2| = 2a = 8$，故 $|PF_1| - |PF_2| = 8$.

> 思考：从 $|PF_1| - |PF_2| = 8$ 这个代数的结果，你能得出什么样的几何特征呢？点 P 的位置确定吗？

敲黑板

从这个问题的方法的探寻过程中，我们要体会的是这个方法不是现成的套路，是需要对问题的研究对象的性质做深入研究才可能得到的. 不要给这样的题目贴上"用圆锥曲线定义解题"的标签，因为这个标签不是解决问题的本质方法.

问题3：已知动圆 P 过定点 $A(-3,\ 0)$，并且在定圆 $B{:}(x-3)^2 + y^2 = 64$ 的内部与之相切，求动圆圆心 P 的轨迹方程.

分析：首先要明确动圆 P 与定圆 B 是研究对象，二者相内切.

（1）几何性质的研究.

从几何的角度看，动圆的圆心 P 和定圆 $B{:}(x-3)^2 + y^2 = 64$ 的圆心 $B(3,\ 0)$ 及切点这三个点是共线的；

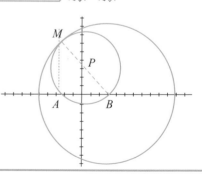

这个几何性质用数量关系表示，就是 $|PB| = |MB| - |MP| = 8 - |MP|$，

因为动圆 P 过定点 $A(-3, 0)$，所以 $|MP| = |AP|$，故 $|PB| = 8 - |AP|$，就是 $|PA| + |PB| = 8$.

（2）代数化方法的寻找.

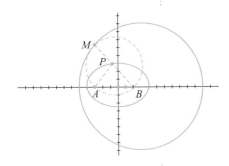

根据上述所研究的几何性质，可以找到求动圆圆心 P 轨迹方程的方法.

实际上，设动圆圆心为 $P(x, y)$，因为 $|PA| + |PB| = 8$，根据椭圆的定义，我们知道 P 点的轨迹是以 A、B 为焦点，8 为长轴的椭圆.

故 P 点的轨迹方程是：$\dfrac{x^2}{16} + \dfrac{y^2}{7} = 1$.

老师说

通过这个问题的思考，你是不是能够体会到平面解析几何的"动"与"不动"的思维方法呢？这个问题中点 P 是动点，轨迹是以 A、B 为焦点，8 为长轴的椭圆，得到了它的轨迹方程，这些就是研究解析几何问题的第一步，在这个基础上，我们还可以研究类似"求 $\triangle PAB$ 面积的最大值"问题.

问题4：已知双曲线 $C: \dfrac{x^2}{3} - y^2 = 1$，$O$ 为坐标原点，F 为 C 的右焦点，过 F 的直线与 C 的两条渐近线的交点分别为 M、N. 若 $\triangle OMN$ 为直角三角形，则 $|MN| = ($　　　$)$.

A. $\dfrac{3}{2}$　　　　B. 3　　　　C. $2\sqrt{3}$　　　　D. 4

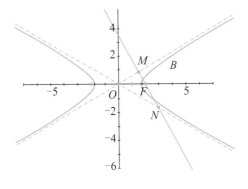

（1）几何性质的研究.

双曲线 $C: \dfrac{x^2}{3} - y^2 = 1$ 的渐近线为 $y = \pm \dfrac{\sqrt{3}}{3} x$，

它们的夹角为 $60°$；过右焦点 F 的直线与 C 的两条渐近线的交点分别为 M、N.

若 $\triangle OMN$ 为直角三角形，谁是直角呢？

由于渐近线夹角为 $60°$，可知直线 MN 与渐近线是垂直的．

（2）代数化方法的寻找．

设直线 MN 与渐近线 $y = \dfrac{\sqrt{3}}{3}x$ 垂直，

则直线 MN 可以代数化：斜率为 $-\sqrt{3}$，过 $F(2，0)$，

其方程为：$y = -\sqrt{3}(x - 2)$．

由于直角 $\triangle OMN$ 中，$\angle ONM = 30°$，欲求 $|MN|$，只需求 $|OM|$．

联立方程 $y = \dfrac{\sqrt{3}}{3}x$ 与 $y = -\sqrt{3}(x - 2)$，得点 $M\left(\dfrac{3}{2}，\dfrac{\sqrt{3}}{2}\right)$，

故 $|OM| = \sqrt{\dfrac{9}{4} + \dfrac{3}{4}} = \sqrt{3}$．

直角 $\triangle OMN$ 中，$|MN| = |OM|\tan 60° = \sqrt{3} \times \sqrt{3} = 3$．答案选 B．

敲黑板

在平面解析几何问题的分析中，思维的切入点是几何对象的几何特征的分析．

如在本题中：

① 双曲线 C：$\dfrac{x^2}{3} - y^2 = 1$ 几何特征的分析；

② 在直角 $\triangle OMN$ 条件下，对于直线 MN 几何特征的分析；

③ 直角 $\triangle OMN$ 几何特征的分析．

在以上几何特征分析的基础上，我们才进行代数化和代数运算．

问题 5：已知 F_1、F_2 是椭圆 C：$\dfrac{x^2}{a^2} + \dfrac{y^2}{b^2} = 1(a > b > 0)$ 的左、右焦点，A 是 C 的左顶点，点 P 在过 A 且斜率为 $\dfrac{\sqrt{3}}{6}$ 的直线上，$\triangle PF_1F_2$ 为等腰三角形，$\angle F_1F_2P = 120°$，则 C 的离心率为（　）．

A. $\dfrac{2}{3}$　　　B. $\dfrac{1}{2}$　　　C. $\dfrac{1}{3}$　　　D. $\dfrac{1}{4}$

分析：列表如下．

题中条件	几何性质	代数化
A 是椭圆 C 的左顶点，点 P 在过 A 且斜率为 $\dfrac{\sqrt{3}}{6}$ 的直线上	直线 PA 过 $A(-a,\,0)$，且斜率为 $\dfrac{\sqrt{3}}{6}$	直线 PA：$y = \dfrac{\sqrt{3}}{6}(x+a)$
$\angle F_1 F_2 P = 120°$	直线 $F_2 P$ 的倾斜角为 $60°$，斜率为 $k=\sqrt{3}$	直线 $F_2 P$：$y = \sqrt{3}(x-c)$
$\triangle P F_1 F_2$ 为等腰三角形	$|F_1 F_2| = |F_2 P|$	见下文

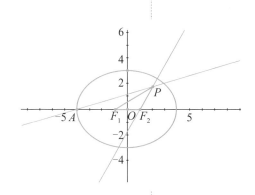

联立方程 $y = \dfrac{\sqrt{3}}{6}(x+a)$ 与 $y = \sqrt{3}(x-c)$，

可得 $P\left(\dfrac{1}{5}(a+6c), \dfrac{\sqrt{3}}{5}(a+c)\right)$；

将 $|F_1 F_2| = |F_2 P|$ 代数化，

得 $2c = \sqrt{\left[\dfrac{1}{5}(a+6c)-c\right]^2 + \left[\dfrac{\sqrt{3}}{5}(a+c)\right]^2}$，

化简得：$a = 4c$，故离心率为 $\dfrac{1}{4}$．答案选 D．

老师说

本题思维的切入点还是分析几何性质，椭圆 $C: \dfrac{x^2}{a^2} + \dfrac{y^2}{b^2} = 1$ 是问题的载体，也是首先要研究的；从其标准方程可知左顶点 $A(-a,0)$ 和右焦点 $F_2(c,0)$，从而对最基本的几何元素做代数化．在此基础上，围绕等腰 $\triangle P F_1 F_2$ 的几何特征分析，也就是两腰相等这个条件，建立关于 a、c 的等量关系，从而求得椭圆的离心率．

问题6：设 F_1、F_2 是双曲线 C：$\dfrac{x^2}{a^2}-\dfrac{y^2}{b^2}=1(a>0，b>0)$ 的左、右焦点，

O 是坐标原点．过 F_2 作 C 的一条渐近线的垂线，垂足为 P．若

$|PF_1|=\sqrt{6}|OP|$，则 C 的离心率为（　　　　）．

A. $\sqrt{5}$　　　　　B. 2　　　　　C. $\sqrt{3}$　　　　　D. $\sqrt{2}$

分析：在本题中，核心的几何对象是线段 PF_1 与 PO，

根据双曲线方程 C：$\dfrac{x^2}{a^2}-\dfrac{y^2}{b^2}=1$ 可知点 $F_1(-c,0)$，因此需要对

点 P 进行代数化，也就是求出其坐标．

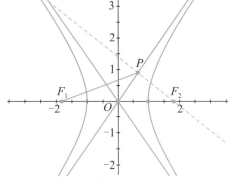

从几何的角度看，点 P 是双曲线的渐近线与过 F_2 的与其

垂直的直线的交点．代数化的形式为，渐近线方程：$y=\dfrac{b}{a}x$，

直线 PF_2：$y=-\dfrac{a}{b}(x-c)$．

联立，求得 $P\left(\dfrac{a^2}{c},\dfrac{ab}{c}\right)$，则 $|OP|=\sqrt{\dfrac{a^4}{c^2}+\dfrac{a^2b^2}{c^2}}=\sqrt{\dfrac{a^2(a^2+b^2)}{c^2}}=\sqrt{\dfrac{a^2c^2}{c^2}}=a$

又 $|PF_1|=\sqrt{\left(\dfrac{a^2}{c}+c\right)^2+\dfrac{a^2b^2}{c^2}}=\sqrt{\dfrac{(a^2+c^2)^2+a^2(c^2-a^2)}{c^2}}=\sqrt{3a^2+c^2}$

依据已知条件：$|PF_1|=\sqrt{6}|OP|$，得 $\sqrt{3a^2+c^2}=\sqrt{6}a$，得 $e=\sqrt{3}$．

此题也可以这样分析：

渐近线方程：$y=\dfrac{b}{a}x$，

在直角 $\triangle OPF_2$ 中，$\tan\angle POF_2=\dfrac{b}{a}$，即 $\dfrac{|PF_2|}{|PO|}=\dfrac{b}{a}$

$|PF_2|^2+|PO|^2=c^2$，双曲线 C：$\dfrac{x^2}{a^2}-\dfrac{y^2}{b^2}=1$，

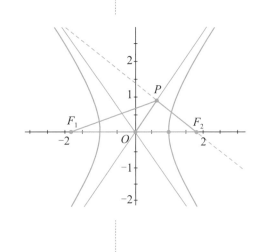

知 $b^2+a^2=c^2$，故 $|PF_2|=b$，$|OP|=a$，

$|PF_1|=\sqrt{6}|OP|=\sqrt{6}a$，$\cos\angle PF_2O=\dfrac{b}{c}$；

在 $\triangle PF_1F_2$ 中，由余弦定理，

$|PF_1|^2=|PF_2|^2+|F_1F_2|^2-2|PF_2||F_1F_2|\cos\angle PF_2O$

$6a^2=b^2+4c^2-2b\cdot2c\cdot\dfrac{b}{c}$ 得：$3a^2=c^2$，$e=\sqrt{3}$．

老师说

上述做法的思维是关注直角 $\triangle OPF_2$ 和 $\triangle PF_1F_2$ 的几何特征的分析．从双曲线的渐近线的方程得到有关角的信息，为三角形的研究提供了必要条件．

问题 7：已知椭圆 C 的焦点为 $F_1(-1,0)$、$F_2(1,0)$，过 F_2 的直线与 C 交于 A、B 两点．若 $|AF_2|=2|F_2B|$，$|AB|=|BF_1|$，则 C 的方程为（　　）．

A. $\dfrac{x^2}{2}+y^2=1$　B. $\dfrac{x^2}{3}+\dfrac{y^2}{2}=1$　C. $\dfrac{x^2}{4}+\dfrac{y^2}{3}=1$　D. $\dfrac{x^2}{5}+\dfrac{y^2}{4}=1$

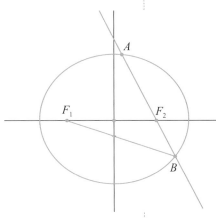

分析：

（1）几何性质的研究．

根据题目的条件，从几何的角度来初步理解问题并画出图形，如图．

（2）代数化方法的寻找．

由于给出的条件更多的是数量关系，所以需要从代数的角度去进一步明确几何特征，也就是确定过 F_2 的直线与椭圆 C 的位置关系：

设 $|BF_2|=x$，则 $|AF_2|=2|F_2B|=2x$，$|BF_1|=|AB|=3x$

因为点 B 在椭圆 C 上，有 $|BF_1|+|BF_2|=2a$，

所以，$3x+x=2a$，故 $x=\dfrac{1}{2}a$，

这样，$|AF_2|=a$，因为点 A 在椭圆 C 上，所以，$|AF_1|+|AF_2|=2a$，故 $|AF_1|=a$．

思考：你对以上的代数结果有没有几何上的理解呢？

实际上，根据计算得到的代数结果，$|AF_1|=a$，$|AF_2|=a$，而点 A 在椭圆 C 上，可以判断出点 A 实际上是在椭圆的上顶点处，如图，$A(0,b)$．

以下需要借助数量关系进一步地将点 B 代数化：

由直角 $\triangle AOF_2$ 与直角 $\triangle BCF_2$ 相似且相似比为 $2:1$，得 $|OF_2|:|F_2C|=2:1$，因此，由 $|OF_2|=1$，得 $|F_2C|=\dfrac{1}{2}$，所以 $|OC|=\dfrac{3}{2}$；

同理，$|OA|:|BC|=2:1$，$|BC|=\dfrac{1}{2}b$，于是 $B\left(\dfrac{3}{2},-\dfrac{b}{2}\right)$，因为点 B

在椭圆 C 上，满足 $\dfrac{x^2}{a^2}+\dfrac{y^2}{b^2}=1$，代入计算得：$a^2=3$，$b^2=a^2-1=2$，因

此椭圆 C：$\dfrac{x^2}{3}+\dfrac{y^2}{2}=1$．

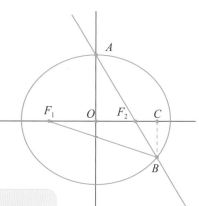

老师说

　　通过以上问题的解决过程，我们是不是进一步体会到，运用
代数的方法研究一个几何对象的一般思路是：借助这个几何对象的方程
或与之相关的图形或数值研究其几何的性质，并运用所得到的性质将几
何问题代数化，通过代数运算的结果，找到研究对象的几何结论．

　　下面看两个例子．

例1 　点 P 在抛物线 $y^2=x$ 上，点 Q 在圆 $(x-3)^2+y^2=1$ 上，求
　　　　$|PQ|$ 的最小值．

　　分析：如果不分析点 P 与点 Q 的几何性质，上来就进行代

数化的话，如：设 $P(x_1,y_1)$，$Q(x_2,y_2)$，

　　则 $|PQ|=\sqrt{(x_1-y_1)^2+(x_2-y_2)^2}$．

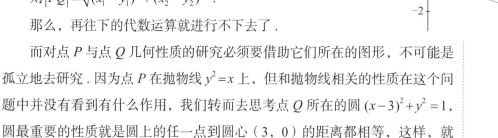

　　那么，再往下的代数运算就进行不下去了．

　　而对点 P 与点 Q 几何性质的研究必须要借助它们所在的图形，不可能是
孤立地去研究．因为点 P 在抛物线 $y^2=x$ 上，但和抛物线相关的性质在这个问
题中并没有看到有什么作用，我们转而去思考点 Q 所在的圆 $(x-3)^2+y^2=1$，
圆最重要的性质就是圆上的任一点到圆心（3，0）的距离都相等，这样，就
可以将求 $|PQ|$ 最小值转化为求 $|PQ|$ 加圆的半径最小值．从几何上看此时是折

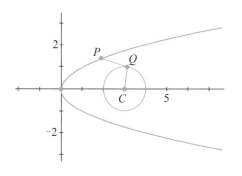

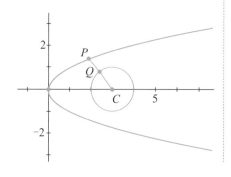

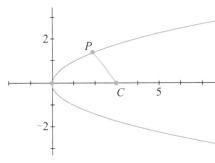

线，这样，求 $|PQ|$ 最小值转化为求 $|PQ|+|QC|$ 最小值，点 P、Q、C 三点共线时的 $|PC|$ 值明显小于不共线时的 $|PQ|+|QC|$，$|PQ|$ 的最小值的问题转而求 $|PC|$ 的最小值，只不过最后减去圆的半径 1 就是了．

如此，试想一下，圆 $(x-3)^2+y^2=1$ 上的点 Q 是不是就没用了，可以像消参一样将它消去．直接求抛物线 $y^2=x$ 上的点 $P(x, y)$ 到点 $C(3, 0)$ 的距离最小值，之后再减 1 即可．

$$|PC|=\sqrt{(x-3)^2+y^2},$$

因为点 $P(x, y)$ 在抛物线 $y^2=x$ 上，

所以 $|PC|=\sqrt{(x-3)^2+y^2}=\sqrt{(x-3)^2+x}=\sqrt{x^2-5x+9}=\sqrt{\left(x-\frac{5}{2}\right)^2+\frac{11}{4}}$，

因为 $x\in[0, +\infty)$，所以，$x=\frac{5}{2}$ 时，$|PC|_{\min}=\frac{\sqrt{11}}{2}$，故 $|PQ|_{\min}=\frac{\sqrt{11}}{2}-1$．

例 2 如何理解题目，"已知椭圆 $C:\frac{x^2}{a^2}+\frac{y^2}{b^2}=1(a>b>0)$，四点 $P_1(1, 1)$、$P_2(0, 1)$、$P_3\left(-1, \frac{\sqrt{3}}{2}\right)$、$P_4\left(1, \frac{\sqrt{3}}{2}\right)$ 中恰有三点在椭圆 C 上"．

分析：因为椭圆 $C:\frac{x^2}{a^2}+\frac{y^2}{b^2}=1(a>b>0)$ 关于 x 轴和 y 轴对称，可知 $P_3\left(-1, \frac{\sqrt{3}}{2}\right)$、$P_4\left(1, \frac{\sqrt{3}}{2}\right)$ 可能出现两种情况：要么都在椭圆 C 上，要么都不在椭圆 C 上，但因为"四点 $P_1(1, 1)$、$P_2(0, 1)$、$P_3\left(-1, \frac{\sqrt{3}}{2}\right)$、$P_4\left(1, \frac{\sqrt{3}}{2}\right)$ 中恰有三点在椭圆 C 上"，可以判断 $P_3\left(-1, \frac{\sqrt{3}}{2}\right)$、$P_4\left(1, \frac{\sqrt{3}}{2}\right)$ 都在椭圆 C 上；而点 $P_1(1, 1)$ 的横坐标与点 $P_4\left(1, \frac{\sqrt{3}}{2}\right)$ 的横坐标相同，但其纵坐标 $1>\frac{\sqrt{3}}{2}$，故点 $P_1(1, 1)$ 在椭圆外，可知 $P_2(0, 1)$、$P_3\left(-1, \frac{\sqrt{3}}{2}\right)$、$P_4\left(1, \frac{\sqrt{3}}{2}\right)$ 在椭圆 C 上．

点评：这个问题思考的线索仍然首先是分析几何对象的几何特征．从椭圆 $C:\frac{x^2}{a^2}+\frac{y^2}{b^2}=1$ 分析其对称性；从四点 $P_1(1, 1)$、$P_2(0, 1)$、$P_3\left(-1, \frac{\sqrt{3}}{2}\right)$、

$P_4\left(1,\dfrac{\sqrt{3}}{2}\right)$ 的坐标读出其几何的特征，再结合具体的条件"恰有三点在椭圆 C 上"，将问题解决．

2. 通过研究几何对象的位置，找到代数化的方法

思　考　如果我们研究的平面解析几何问题中，出现的是两个甚至更多的几何对象，那么如何运用代数的方法来研究呢？

你是否还记得我们在方法篇研究过这样一个问题：

直线 $y=kx+1$ 与圆 $x^2+y^2+kx+my-4=0$ 交于 M、N 两点，且 M、N 关于直线 $x+y=0$ 对称．求 $m+k$ 的值．

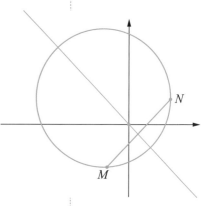

如果你上来就想通过代数运算解决问题，反而欲速则不达，原因何在呢？

在这个问题中出现了三个研究对象：一个是方程 $y=kx+1$ 对应的一组动直线，一个是不确定的圆，还有一个是确定的直线 $x+y=0$；除了对这三个对象中的每一个我们要研究性质之外，更为重要的就是研究它们之间的位置关系．

题目的条件中已经告诉我们两组位置关系：

① 直线 $y=kx+1$ 与圆 $x^2+y^2+kx+my-4=0$ 的位置关系；

② 直线 $y=kx+1$ 与直线 $x+y=0$ 的位置关系．

但是还没有明确的是直线 $x+y=0$ 与圆 $x^2+y^2+kx+my-4=0$ 的位置关系．这个位置关系不研究，就会直接影响到整个问题的解决．换句话说，如果研究了直线 $x+y=0$ 与圆 $x^2+y^2+kx+my-4=0$ 的位置关系，也就找到解决具体问题的具体方法了．

实际上，我们容易判断出直线 $x+y=0$ 是圆 $x^2+y^2+kx+my-4=0$ 的对称轴，圆心 $\left(-\dfrac{k}{2},-\dfrac{m}{2}\right)$ 在直线 $x+y=0$ 上，由 $\left(-\dfrac{k}{2}\right)+\left(-\dfrac{m}{2}\right)=0$ 得 $k+m=0$．

这个过程可以提炼为：

问题 8：已知椭圆 $C:\dfrac{x^2}{4}+\dfrac{y^2}{3}=1$. 确定 m 的取值范围，使得对于直线 $l:y=4x+m$，C 上有两个不同的点关于直线 l 对称.

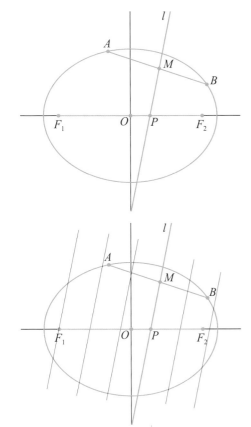

分析：首先我们从几何特征的角度思考一个问题，直线 $l:y=4x+m$ 与椭圆 $C:\dfrac{x^2}{4}+\dfrac{y^2}{3}=1$ 的位置关系是确定的吗？换一个角度说，直线 l 与椭圆 $C:\dfrac{x^2}{4}+\dfrac{y^2}{3}=1$ 只要是相交的位置关系，就能满足椭圆 C 上有两个不同的点关于直线 $l:y=4x+m$ 对称吗？

实际上，我们结合图形就可以做出判断，直线 l 在与椭圆 C 相交的前提下向左右两边运动，当椭圆上只剩下一个点，这个点关于直线 l 对称的点一定不在椭圆 C 上. 因而说明，直线 l 和椭圆 C 相交，在椭圆 C 上未必一定有两个点关于直线 l 对称. 对于位置关系不确定的几何对象，我们就不能代数化，必须寻找别的途径.

我们看到，斜率为 $-\dfrac{1}{4}$ 的直线 AB 与椭圆 C 只要相交于两点，得到的弦 AB 一定有斜率为 4 的中垂线，即直线 l. 因此可以利用直线 AB 与椭圆 C 必相交这一确定的位置关系进行代数化，也就是联立直线方程 $y=-\dfrac{1}{4}x+b$ 与椭圆方程 $\dfrac{x^2}{4}+\dfrac{y^2}{3}=1$，得出直线 AB 的纵截距 b 的范围，即 $|b|<\dfrac{\sqrt{13}}{2}$.

再通过 AB 弦的中点 $M\left(\dfrac{4}{13}b,\dfrac{12}{13}b\right)$ 在直线 $l:y=4x+m$ 上，找到直线 AB 的纵截距 b 与 m 的关系，$b=-\dfrac{13}{4}m$；最终得 m 的取值范围 $\left(-\dfrac{2\sqrt{13}}{13},\dfrac{2\sqrt{13}}{13}\right)$.

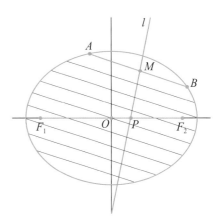

上述解决问题方法的得出在于直线 AB 与椭圆 C 位置关系是确定的，并在此基础上进行代数化．实际上，直线 l 与直线 AB 的交点（也就是弦 AB 的中点）M 在"C 上有两个不同的点关于直线 l 对称"的条件下的位置也是确定的，它一定在椭圆 C 内．因此相对应的代数化就是将点 M 的坐标（x_0，y_0）代入到椭圆方程的左端得：$\dfrac{x_0^2}{4}+\dfrac{y_0^2}{3}<1$．找到点 $M(x_0$，$y_0)$ 的横纵坐标与 m 的关系，就可以解决问题了．我们看到，由于 $M(x_0$，$y_0)$ 是弦 AB 的中点坐标，因此，设 $A(x_1$，$y_1)$ 和 $B(x_2$，$y_2)$，并代数化为 $\dfrac{x_1^2}{4}+\dfrac{y_1^2}{3}=1$ 和 $\dfrac{x_2^2}{4}+\dfrac{y_2^2}{3}=1$，通过消去参数找到 $M(x_0$，$y_0)$ 的横纵坐标与 m 的关系，进而得出 m 的取值范围．

练习题 抛物线 $y^2=2px(p>0)$ 上存在两点 A、B 关于直线 $l:y=-x+1$ 对称，求 p 的取值范围．

分析1：点 M 为 AB 的中点，$y^2=2px$ 不确定，

但点 M 与 $y^2=2px$ 的位置是确定的，

即点 M 在 $y^2=2px$ 内部（位置关系）．

设 $M(x_0$，$y_0)$，则 $y_0^2<2px_0$ （代数化），

设 $A(x_1$，$y_1)$、$B(x_2$，$y_2)$，则 $y_1^2=2px_1$，$y_2^2=2px_2$，

所以 $y_1^2-y_2^2=2p(x_1-x_2)$，$\dfrac{y_1-y_2}{x_1-x_2}=\dfrac{2p}{y_1+y_2}=1$，

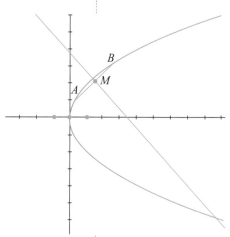

故 $y_0=\dfrac{y_1+y_2}{2}=p$，又 $M(x_0$，$y_0)$ 在 $l:y=-x+1$ 上，所以有 $x_0=1-y_0=1-p$，

即 $M(1-p,p)$，因为点 $M(1-p,p)$ 在 $y^2=2px$ 内部，所以，$p^2<2p(1-p)$，

解得 $0<p<\dfrac{2}{3}$．

分析2：

直线 AB 与 $y^2=2px$ 的位置是确定的，必相交于两个不同的点（位置关系）．

直线 $AB:y=x+m$ 与 $y^2=2px$ 联立（代数化），得 $x^2+2(m-p)x+m^2=0$．

由 $\Delta>0$，求得 $p^2-2mp>0$，

又 $x_1+x_2=2(p-m)$，中点 $M(x_0$，$y_0)$，所以有 $x_0=p-m$，$y_0=x_0+m=p$

即 $M(p-m,p)$，代入 $y=-x+1$ 得 $m=2p-1$，因为 $p^2-2mp>0$，

解得：$0<p<\dfrac{2}{3}$．

问题9：点 P 在双曲线 $\dfrac{x^2}{16}-\dfrac{y^2}{20}=1$ 上，双曲线的左右焦点分别为 F_1、F_2，若 $|PF_1|=9$ 则 $|PF_2|$ 的值为多少？

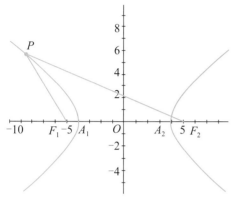

分析：如图，这个问题的思维切入点还是首先要明确几何对象的几何特征．从已知条件看，双曲线方程 $\dfrac{x^2}{16}-\dfrac{y^2}{20}=1$ 是确定的，但点 P 的位置是不确定的，没有明确点 P 在双曲线的哪一支上．

因此，研究点 P 的位置就是首先要解决的问题．如图，设双曲线的左右顶点分别是 A_1、A_2，则分析双曲线的方程 $\dfrac{x^2}{16}-\dfrac{y^2}{20}=1$ 可知，$a=4$，$c=6$，$|F_1A_1|=c-a=2$，$|F_1A_2|=c+a=10$．

这个代数结果说明的几何特征是，双曲线的左支离 F_1 最近的距离是 2，双曲线右支离 F_1 最近的距离是 10．由条件 $|PF_1|=9$ 就可以知道点 P 不可能在双曲线 $\dfrac{x^2}{16}-\dfrac{y^2}{20}=1$ 的右支上．点 P 的位置确定之后，才可以进行代数化，即：$|PF_2|-|PF_1|=2a=8$，得 $|PF_2|=17$．

敲黑板

如果没有注意分析方程 $\dfrac{x^2}{16}-\dfrac{y^2}{20}=1$ 所提供的几何特征，就可能这样做：根据双曲线的定义：$|PF_1|-|PF_2|=\pm 2a$，故 $|PF_2|=9\pm 8$，从而得出一个错误的答案 1 或 17．

老师说

可以看出，能够从"点 P 在曲线 $\dfrac{x^2}{16}-\dfrac{y^2}{20}=1$ 上，若 $|PF_1|=9$"读出点 P 的几何特征是研究问题的主要内容，只有在确定了点 P 位置的基础上的代数化才是有意义的．

思 考 双曲线 $x^2-y^2=1$ 右支上有一点 $P(a, b)$，到直线 $y=x$ 的距离为 $\sqrt{2}$，

求 $a+b$ 的值．

分析：如何理解双曲线 $x^2-y^2=1$ 右支上有一点 $P(a, b)$？

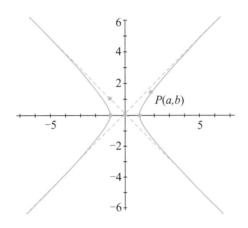

如果仅仅用 $a^2-b^2=1$ 来表达点 $P(a, b)$ 在双曲线 $x^2-y^2=1$ 右支上，显然是不够的，从几何的角度看，$P(a, b)$ 的位置还要借助双曲线的渐近线来刻画：

因为双曲线 $x^2-y^2=1$ 的渐近线方程为 $x\pm y=0$，

所以，点 $P(a, b)$ 在双曲线 $x^2-y^2=1$ 右支这一几何的位置关系是通过它与两条渐近线的几何位置关系体现出来的，即：在渐近线 $x-y=0$ 的右下方，在渐近线 $x+y=0$ 的右上方．

那么对应的代数化的形式是：$P(a, b)$ 满足不等式组

$$\begin{cases} x-y>0 \\ x+y>0 \end{cases} \text{即} \begin{cases} a-b>0 \\ a+b>0 \end{cases},$$

在此基础上，根据已知条件，点 P 到直线 $y=x$ 的距离为 $\sqrt{2}$，

得 $\dfrac{|a-b|}{\sqrt{2}}=\sqrt{2}$，即 $a-b=\pm 2$，

因为 $a-b>0$，所以 $a-b=2$，

又因为点 $P(a, b)$ 在 $x^2-y^2=1$ 右支上，

所以 $a^2-b^2=1$，故 $a+b=\dfrac{1}{2}$．

问题 10：已知椭圆 $\dfrac{x^2}{16}+\dfrac{y^2}{9}=1$ 的左右焦点分别为 F_1、F_2，点 P 在椭圆上，若 P、F_1、F_2 是一个直角三角形的三个顶点，求点 P 到 x 轴的距离.

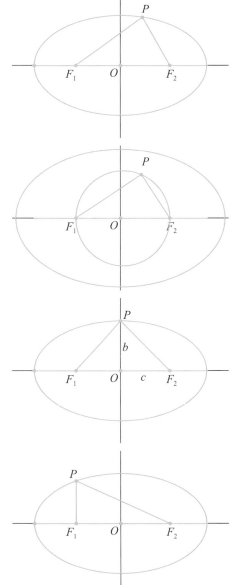

分析：这个问题首先要确定谁是直角 $\triangle PF_1F_2$ 的直角顶点. 不能想当然地认为是点 P，并据此 $PF_1 \perp PF_2$，得点 P 是以原点为圆心，$c=\sqrt{7}$ 为半径的圆. 联立 $x^2+y^2=7$ 与 $\dfrac{x^2}{16}+\dfrac{y^2}{9}=1$ 得：$y=\pm\dfrac{9\sqrt{7}}{7}$，从而点 P 到 x 轴的距离为 $\dfrac{9\sqrt{7}}{7}$.

显然，这是在一个错误的逻辑下得到的结论，是有问题的. 如果我们将 $y=\pm\dfrac{9\sqrt{7}}{7}$ 代入到圆的方程 $x^2+y^2=7$，方程是无解的.

问题所提供的代数条件"椭圆 $\dfrac{x^2}{16}+\dfrac{y^2}{9}=1$"蕴含着点 P 的几何特征，可以从两个方面去研究：

（1）假设 $\angle P$ 是直角，则点 P 在以坐标原点 O 为圆心，$\sqrt{7}$ 为半径的圆上也就是在圆 $x^2+y^2=7$ 上，但是这个圆与椭圆的位置关系是需要判定的. 由于 $b=3>\sqrt{7}$，因此可以断定圆 $x^2+y^2=7$ 内含于椭圆 $\dfrac{x^2}{16}+\dfrac{y^2}{9}=1$，从而 $\angle P$ 是直角的假设不成立.

（2）对于 $\angle P$ 是不是直角的判断也可以通过分析 $\angle F_1PF_2$ 最大值取多少来进行，即：点 P 在椭圆短轴端点处时，$\dfrac{c}{b}=\dfrac{\sqrt{7}}{3}<1$，从而得到 $\angle F_1PF_2<90°$ 的结论.

由上述分析可知：直角 $\triangle PF_1F_2$ 的直角顶点在椭圆 $\dfrac{x^2}{16}+\dfrac{y^2}{9}=1$ 的焦点 F_1 点（或 F_2 点）上，这样，我们就可以对确定了几何位置关系的几何对象代数化了：设直线 PF_1 的方程为：$x=-\sqrt{7}$，

由 $\begin{cases}\dfrac{x^2}{16}+\dfrac{y^2}{9}=1 \\ x=-\sqrt{7}\end{cases}$，得 $y=\pm\dfrac{9}{4}$，则点 P 到 x 轴的距离为 $\dfrac{9}{4}$.

小 结

从上述问题的思考、分析及研究，我们可以概括出研究平面解析几何的一般方法．也就是：

首先要分析几何对象的几何特征．几何对象如直线、圆、椭圆、抛物线、双曲线等一般都有其代数形式的曲线方程，我们要能够从它们的方程中分析得到其几何性质，同时也要能够得出不同几何对象之间的位置关系；这些几何对象的几何特征也可以结合图形或从相关的表示数量关系的数值中分析得到．在此基础上，再对几何对象的几何特征进行代数化得到相对应的代数形式；之后进行代数运算，从代数运算的结论中分析出几何特征，得出几何结论．

3. 要选择恰当的代数化的形式

问题 11：设 A、B 分别为椭圆 $\dfrac{x^2}{4}+\dfrac{y^2}{3}=1$ 的左、右顶点，设 P 为直线 $x=4$ 上不同于点 $(4，0)$ 的任意一点，若直线 AP、BP 分别与椭圆相交于异于 A、B 的点 M、N，证明点 B 在以 MN 为直径的圆内．

思考：*如何证明点 B 在以 MN 为直径的圆内？*

分析：如果指望建立以 MN 为直径的圆的方程，再去验证点 $B(2，0)$ 在这个圆内，这在短时间内几乎是不可能完成的，因为建立以 MN 为直径的圆的方程要设 $M(x_1，y_1)$、$N(x_2，y_2)$，所涉及的参数太多．

类似的方法如证明点 B 到线段 MN 中点的距离与圆

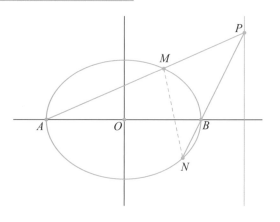

的半径去比较，也就是与 MN 长度的一半去比较，面临的困难是一样的．原因在于忽视了对几何对象的几何特征的分析．

实际上，点 B 在以 MN 为直径的圆内的几何特征是 $\angle MBN$ 为钝角，但此时代数化会很麻烦，因为如果用向量的数量积表示的话，涉及的参数还是有 4 个．那么我们进一步分析几何特征，结合图形我们发现，如果 $\angle MBN$ 是钝角，那么 $\angle MBP$ 就一定是锐角了，将这个几何特征代数化应该是最恰当的，此时涉及的参数只有 3 个了．

设 $M(x_0, y_0)$，因为点 M 在椭圆上，所以 $y_0^2 = \dfrac{3}{4}(4 - x_0^2)$，　　　①

又点 $M(x_0, y_0)$ 异于顶点 A、B，所以 $-2 < x_0 < 2$，由 P、A、M 三点共线可以得：$P\left(4, \dfrac{6y_0}{x_0 + 2}\right)$，从而 $\overrightarrow{BM} = (x_0 - 2, y_0)$，$\overrightarrow{BP} = \left(2, \dfrac{6y_0}{x_0 + 2}\right)$，

所以 $\overrightarrow{BM} \cdot \overrightarrow{BP} = 2x_0 - 4 + \dfrac{6y_0^2}{x_0 + 2} = \dfrac{2}{x_0 + 2}(x_0^2 - 4 + 3y_0^2)$．　　　②

将①代入②，化简得 $\overrightarrow{BM} \cdot \overrightarrow{BP} = \dfrac{5}{2}(2 - x_0)$．因为 $2 - x_0 > 0$，得 $\overrightarrow{BM} \cdot \overrightarrow{BP} > 0$，则 $\angle MBP$ 为锐角，从而 $\angle MBN$ 为钝角，故点 B 在以 MN 为直径的圆内．

老师说

可以看出，在解决平面解析几何问题时，代数化的方式的选择是非常重要的．选择不当，就会带来计算量的增大，甚至影响到问题的最终解决．选择合理的代数化方法则需要对所面临问题有比较深刻的认识和理解，其途径更多的来自对几何对象的几何特征的分析．

问题 12：已知抛物线 $C: y^2 = 4x$，焦点为 F，点 P 为 C 上的动点，$A(-1, 0)$，则 $\left(\dfrac{|PF|}{|PA|}\right)_{\min} = $ ＿＿＿＿＿．

分析：如果不分析研究对象的几何特征，直接就代数化：

$$\dfrac{|PF|}{|PA|} = \dfrac{\sqrt{(x-1)^2 + y^2}}{\sqrt{(x+1)^2 + y^2}} = \cdots\cdots$$

这样做，运算量会很大，甚至做不出来．

由于点 P 是动点，$|PA|$、$|PF|$ 两个都是变量，所在的 $\triangle APF$ 不是特殊三角形，直接求 $\left(\dfrac{|PF|}{|PA|}\right)_{\min}$ 很困难；根据抛物线的定义，我们知道 $y^2=4x$ 上任一点到焦点 F 的距离等于到其准线的距离，因此，作 PB 垂直准线 $x=-1$，则

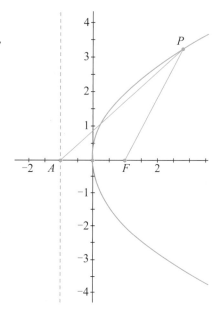

$$|PF|=|PB|，\quad PB \parallel FA，求 \left(\dfrac{|PF|}{|PA|}\right)_{\min} 转化为 \left(\dfrac{|PB|}{|PA|}\right)_{\min}；$$

而 PB 与 PA 是直角 $\triangle ABP$ 的直角边与斜边，就可以转化为一个变量问题：

设 $\angle APB=\alpha$，$\cos\alpha=\dfrac{|PB|}{|PA|}$，则求 $\left(\dfrac{|PB|}{|PA|}\right)_{\min}$ 即求 $\cos\alpha$ 的最小值，也就是求 α 最大，即 $\angle PAF$ 最大．

从几何的角度看，此时，直线 PA 与抛物线 $C:y^2=4x$ 相切，

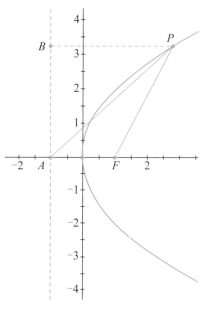

其相应的代数化：$\begin{cases} y=k(x+1) \\ y^2=4x \end{cases}$，得 $k^2x^2+2(k^2-2)x+k^2=0$，

由 $\Delta=0$，求得 $k^2=1$，取 $k=1$．

则 $\alpha=\dfrac{\pi}{4}$ 时，有 $\left(\dfrac{|PF|}{|PA|}\right)_{\min}=\cos\dfrac{\pi}{4}=\dfrac{\sqrt{2}}{2}$．

上述代数化的方法是在对几何特征进行分析的基础上，得到 $\left(\dfrac{|PF|}{|PA|}\right)_{\min}$ 的几何含义进而进行分析的．

本题还可以通过求 $\angle BAP$ 最小，也就是求 $\tan\angle BAP$ 最小，进行代数化，得到最小值：

$$\tan\angle BAP=\dfrac{x+1}{y}=\dfrac{x+1}{2\sqrt{x}}=\dfrac{\sqrt{x}}{2}+\dfrac{1}{2\sqrt{x}}\geq 1，即 \angle BAP=\dfrac{\pi}{4} 符合题意．$$

问题 13：已知：A、B 在 $y^2 = 2px$ 上，直线 OA、OB 倾斜角为 α、β，且 $\alpha + \beta = \dfrac{\pi}{4}$．证明直线 AB 过定点．

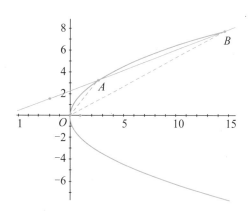

分析：（1）条件 $\alpha + \beta = \dfrac{\pi}{4}$ 如何代数化？

选择三角函数，在等式两边取正切函数是合适的选择：

$\tan(\alpha + \beta) = 1$，$\tan\alpha + \tan\beta = 1 - \tan\alpha\tan\beta$，

则 $k_1 + k_2 = 1 - k_1 k_2$．这里，k_1 是直线 OA 的斜率，k_2 是直线 OB 的斜率．

（2）直线 AB 的代数化．

设直线 AB 的方程为：$y = kx + b$，

直线 AB 与抛物线 $y^2 = 2px$ 位置的代数化：$\begin{cases} y = kx + b \\ y^2 = 2px \end{cases}$，设 $A(x_1, y_1)$、$B(x_2, y_2)$，

则 $ky^2 - 2py + 2bp = 0$，$y_1 + y_2 = \dfrac{2p}{k}$，$y_1 y_2 = \dfrac{2bp}{k}$．

（3）研究直线 AB 的方程，也就是找 k、b 之间的关系．

关键条件：$k_1 + k_2 = 1 - k_1 k_2$，

$\dfrac{y_1}{x_1} + \dfrac{y_2}{x_2} = 1 - \dfrac{y_1 y_2}{x_1 x_2}$，$x_1 = \dfrac{y_1^2}{2p}, x_2 = \dfrac{y_2^2}{2p}$，得 $b = 2p(1 + k)$，

直线 AB：$y = kx + 2p(1 + k)$，

所以，$y = k(x + 2p) + 2p$，由此得出直线 AB 过点 $(-2p, 2p)$．

问题 14：已知 $y = \dfrac{x^2}{4}$ 与直线 $l: y = kx + a\ (a > 0)$ 交于 M、N 两点，问：

y 轴上是否存在点 P，当 k 变化的时候，总有 $\angle OPM = \angle OPN$？

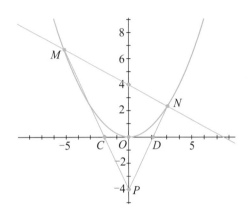

分析：用什么样的代数形式刻画 $\angle OPM = \angle OPN$ 呢？

设点 $P(0, b)$ 为符合题意的点，若 $\angle OPM = \angle OPN$，

则根据对称性，如图可知：只需 $\angle DCP = \angle CDP$，

从而转化为直线 PM 的倾斜角与直线 PN 倾斜角互补，

则直线 PM 的斜率 k_1 与直线 PN 的斜率 k_2 互为相反数.

由 $\begin{cases} y = \dfrac{x^2}{4} \\ y = kx + a \end{cases}$，得 $x^2 - 4kx - 4a = 0$，

设 $M(x_1,\ y_1)$、$N(x_2,\ y_2)$，则有 $x_1 + x_2 = 4k$，$x_1 x_2 = -4a$，

所以 $k_1 + k_2 = \dfrac{y_1 - b}{x_1} + \dfrac{y_2 - b}{x_2} = \dfrac{(a+b)k}{a}$，

故 $b = -a$ 时，$k_1 + k_2 = 0$，所以 $P(0,\ -a)$.

问题 15：已知双曲线 $\dfrac{x^2}{3} - y^2 = 1$，$A(0,\ -1)$，直线 $l: y = kx + m\ (k \neq 0)$ 与

双曲线交于不同的两点 C、D，且 C、D 都在以 A 为圆心的同

一圆上，求 m 的取值范围.

分析：（1）直线 l 与双曲线 $\dfrac{x^2}{3} - y^2 = 1$ 交于不同的两点 C、D 的代数化：

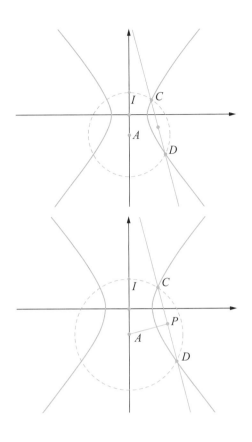

$$\begin{cases} \dfrac{x^2}{3} - y^2 = 1, \\ y = kx + m \end{cases}$$

消 y 得：$(\dfrac{1}{3} - k^2)x^2 - 2kmx - m^2 - 1 = 0$，

由 $\Delta > 0$ 得 $m^2 - 3k^2 + 1 > 0$.　　　　　　　　　①

（2）C、D 都在以 A 为圆心的同一圆上，如何代数化？

取 CD 中点 P，则 $AP \perp CD$.

中点 $P\left(\dfrac{2km}{\dfrac{1}{3} - k}, \dfrac{m}{1 - 3k^2}\right)$，$A(0, -1)$，

$k_{AP} = \dfrac{1 - 3k^2 + m}{3km} = -\dfrac{1}{k}$，

得 $3k^2 = 1 + 4m > 0$.　　　　　　　　　　　　　②

由①②得 $m \in \left(-\dfrac{1}{4}, 0\right) \bigcup (4, +\infty)$.

问题 16：已知椭圆 C：$x^2 + 2y^2 = 9$，点 $P(2, 0)$，过 $(1, 0)$ 的直线 l 与椭圆 C 相交于 M、N 两点，设 MN 的中点为 T，判断 $|TP|$ 与 $|TM|$ 的大小，并证明你的结论.

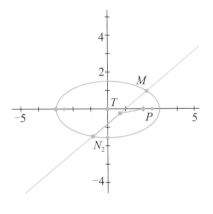

分析：选择什么样的代数形式来判断 $|TP|$ 与 $|TM|$ 的大小是要认真思考的问题.

方法 1：结论是 $|TP| < |TM|$.

① 当直线 l 斜率不存在时，$l：x = 1$，$|TP| = 1 < |TM| = 2$.

② 当直线 l 斜率存在时，设直线 $l：y = k(x - 1)$，$M(x_1, y_1)$，$N(x_2, y_2)$，$T(x_T, y_T)$.

$$\begin{cases} x^2 + 2y^2 = 9 \\ y = k(x - 1) \end{cases}，$$ 整理得：$(2k^2 + 1)x^2 - 4k^2 x + 2k^2 - 9 = 0$，

$\Delta = (4k^2)^2 - 4(2k^2 + 1)(2k^2 - 9) = 64k^2 + 36 > 0$，

故 $x_1 + x_2 = \dfrac{4k^2}{2k^2 + 1}$，$x_1 x_2 = \dfrac{2k^2 - 9}{2k^2 + 1}$，

$$x_T = \frac{1}{2}(x_1 + x_2) = \frac{2k^2}{2k^2+1}, \quad y_T = k(x_T - 1) = -\frac{k}{2k^2+1},$$

$$|TP|^2 = (x_T - 2)^2 + y_T^2 = (\frac{2k^2}{2k^2+1} - 2)^2 + (-\frac{k}{2k^2+1})^2 = \frac{(2k^2+2)^2 + k^2}{(2k^2+1)^2} = \frac{4k^4 + 9k^2 + 4}{(2k^2+1)^2},$$

$$|TM|^2 = (\frac{1}{2}|MN|)^2 = \frac{1}{4}(k^2+1)(x_1 - x_2)^2 = \frac{1}{4}(k^2+1)\left[(x_1 + x_2)^2 - 4x_1 x_2\right]$$

$$= \frac{1}{4}(k^2+1)[(\frac{4k^2}{2k^2+1})^2 - 4 \cdot \frac{2k^2-9}{2k^2+1}] = \frac{(k^2+1)(16k^2+9)}{(2k^2+1)^2} = \frac{16k^4 + 25k^2 + 9}{(2k^2+1)^2},$$

此时，$|TM|^2 - |TP|^2 = \frac{16k^4 + 25k^2 + 9}{(2k^2+1)^2} - \frac{4k^4 + 9k^2 + 4}{(2k^2+1)^2} = \frac{12k^4 + 16k^2 + 5}{(2k^2+1)^2} > 0,$

故 $|TM| > |TP|$.

方法 2：结论是：$|TP| < |TM|$.

① 当直线 l 斜率不存在时，

$l: x = 1$，$|TP| = 1 < |TM| = 2$.

② 当直线 l 斜率存在时，

设直线 l：$y = k(x-1)$，$M(x_1, y_1)$，$N(x_2, y_2)$.

$\begin{cases} x^2 + 2y^2 = 9 \\ y = k(x-1) \end{cases}$，整理得：$(2k^2+1)x^2 - 4k^2 x + 2k^2 - 9 = 0$，

$\Delta = (4k^2)^2 - 4(2k^2+1)(2k^2-9) = 64k^2 + 36 > 0$，

故 $x_1 + x_2 = \frac{4k^2}{2k^2+1}$，$x_1 x_2 = \frac{2k^2-9}{2k^2+1}$，

$\overrightarrow{PM} \cdot \overrightarrow{PN}$

$= (x_1 - 2)(x_2 - 2) + y_1 y_2$

$= (x_1 - 2)(x_2 - 2) + k^2(x_1 - 1)(x_2 - 1)$

$= (k^2+1)x_1 x_2 - (k^2+2)(x_1 + x_2) + k^2 + 4$

$= (k^2+1) \cdot \frac{2k^2-9}{2k^2+1} - (k^2+2) \cdot \frac{4k^2}{2k^2+1} + k^2 + 4$

$= -\frac{6k^2+5}{2k^2+1} < 0$，

故 $\angle MPN > 90°$，即点 P 在以 MN 为直径的圆内，故 $|TP| < |TM|$.

老师说

方法 1 选择直接将 $|TM|$ 和 $|TP|$ 进行代数化，再作差比较，思路简单但计算量大．

方法 2 将判断 $|TP|$ 与 $|TM|$ 的大小问题转化为点 P 与以 MN 为直径的圆的位置关系，从而简化了代数化的计算量．

可以看出，对几何问题的几何特征的分析越深入、到位，代数化的方法就越恰当、合适；对几何特征的分析不深入，其代数化相对来说就比较困难．

4. 平面解析几何综合题的解答策略

在平面解析几何的综合性问题的研究中，要突出解析几何的研究问题的一般方法，要能够明确用代数方法解决几何问题的四个关键步骤：

（1）几何特征分析．要能够根据问题的条件，读出几何对象的几何特征．可以从两个方面去分析：对于单个的几何对象，要研究它的几何性质；对于不同的几何对象，要关注它们之间的位置关系，在此基础上作出图形，直观地表达出所分析出的几何对象的几何特征．

（2）代数化．在明确了几何对象的几何特征的基础上，要进行有效的、合理的代数化．包括几何元素的代数化、位置关系的代数化、所要研究问题的目标进行代数化等．

（3）代数运算．包括解所联立的方程组、消去所引进的参数、运用函数的研究方法解决有关的最值问题等．

（4）几何结论．根据经过代数运算得到的代数结果，分析得出几何的结论．

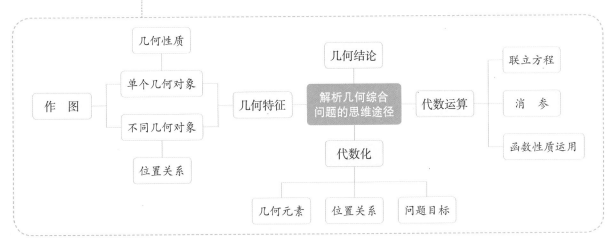

问题 17：已知椭圆 $C: x^2 + 2y^2 = 4$，设 O 为原点，若点 A 在椭圆 C 上，点 B 在直线 $y = 2$ 上，且 $OA \perp OB$，试判断 AB 与圆 $x^2 + y^2 = 2$ 的位置关系，并证明你的结论．

分析：第一步，几何特征分析．

本问题中，有两个曲线图形．椭圆 $C: x^2 + 2y^2 = 4$ 和圆 $x^2 + y^2 = 2$，从方程中可以分析可知，它们有共同的对称中心（0，0）．由于椭圆的短轴的一半长为 $\sqrt{2}$，等于圆 $x^2 + y^2 = 2$ 的半径，所以椭圆 $C: x^2 + 2y^2 = 4$ 和圆 $x^2 + y^2 = 2$ 是相切的位置关系．如图所示．

而对于条件"若点 A 在椭圆 C 上，点 B 在直线 $y = 2$ 上，且 $OA \perp OB$"所表达出来的几何特征最终落实在做出图像上．如图所示．

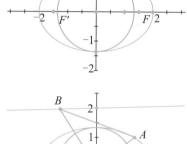

第二步，代数化．

① 元素的代数化：$A(x_1, y_1)$，满足 $x_1^2 + 2y_1^2 = 4$；$B(t, 2)$，

直线 AB：$y - 2 = \dfrac{y_1 - 2}{x_1 - t}(x - t)$，$(x \neq t)$，

即 $(2 - y_1)x + (x_1 - t)y - 2x_1 + ty_1 = 0$，

若 $x_1 = t$，直线 AB 方程为 $x = t$．

② 位置关系代数化：由 $OA \perp OB$ 得代数化的形式为 $x_1 t + 2y_1 = 0$．

③ 问题目标代数化：$d = \dfrac{|-2x_1 + ty_1|}{\sqrt{(2 - y_1)^2 + (x_1 - t)^2}}$．

第三步，代数运算．

由 $x_1^2 + 2y_1^2 = 4$ 得 $x_1^2 = 4 - 2y_1^2$；由 $x_1 t + 2y_1 = 0$ 得 $t = -\dfrac{2y_1}{x_1}$；

于是有：$|-2x_1 + ty_1| = \dfrac{2}{|x_1|}|4 - y_1^2|$，$\sqrt{(2 - y_1)^2 + (x_1 - t)^2} = \dfrac{\sqrt{2}}{|x_1|}|4 - y_1^2|$，因此有 $d = \sqrt{2}$．

若 $x_1 = t$，则由 $t = -\dfrac{2y_1}{x_1}$ 可得 $y_1 = -\dfrac{t^2}{2}$，因此点 $A\left(t, -\dfrac{t^2}{2}\right)$，代入到椭圆方程 $x^2 + 2y^2 = 4$ 得 $t = \pm\sqrt{2}$，所以直线 AB 方程为 $x = \pm\sqrt{2}$．

最后得到几何结论：直线 AB 与圆 $x^2 + y^2 = 2$ 相切．

问题 18：已知 $W: \dfrac{x^2}{2} - \dfrac{y^2}{2} = 1 \ (x \geqslant \sqrt{2})$，若 A、B 是 W 上的不同两点，O 是坐标原点，求 $\overrightarrow{OA} \cdot \overrightarrow{OB}$ 的最小值.

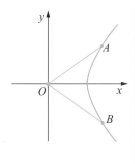

分析：

第一步，几何特征分析.

$W: \dfrac{x^2}{2} - \dfrac{y^2}{2} = 1 \ (x \geqslant \sqrt{2})$ 表明曲线是双曲线的右支；其渐近线为 $y = \pm x$；渐近线夹角为 $90°$.

第二步，代数化.

代数化分析 1： 首先明确问题产生的原因. 也就是 $\overrightarrow{OA} \cdot \overrightarrow{OB}$ 的最小值是由谁引起的？如果认为是由直线 AB 的变化引起 $\overrightarrow{OA} \cdot \overrightarrow{OB}$ 的变化，那么就要对直线 AB 进行相对应的代数化.

① AB 的斜率不存在：$A(x_1, y_1)$，$B(x_1, -y_1)$，

$$\overrightarrow{OA} \cdot \overrightarrow{OB} = x_1 x_2 + y_1 y_2 = x_1^2 - y_1^2 = 2.$$

② AB 的斜率存在：设 AB 的方程为 $y = kx + m$，（k，m 均变）则

$$\overrightarrow{OA} \cdot \overrightarrow{OB} = x_1 x_2 + y_1 y_2 = f(k, m),$$

将其代数化，联立 $\begin{cases} y = kx + m \\ x^2 - y^2 = 2 \end{cases} \ (x \geqslant \sqrt{2})$，即 $x^2 - (kx + m)^2 = 2$.

代数运算 1：

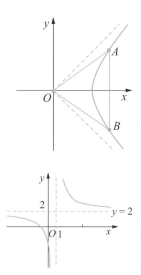

化简得 $(1 - k^2)x^2 - 2kmx - m^2 - 2 = 0$，因而 $x_1 + x_2 = \dfrac{2km}{1 - k^2}$，$x_1 x_2 = \dfrac{m^2 + 2}{k^2 - 1}$

所以 $\overrightarrow{OA} \cdot \overrightarrow{OB} = x_1 x_2 + (kx_1 + m)(kx_2 + m) = (1 + k^2)x_1 x_2 + km(x_1 + x_2) + m^2$

$$= \dfrac{(1 + k^2)(m^2 + 2)}{k^2 - 1} + \dfrac{2k^2 m^2}{1 - k^2} + m^2 = \dfrac{2k^2 + 2}{k^2 - 1} = 2 + \dfrac{4}{k^2 - 1}$$

如何求 k^2 的范围？

从代数化的结果看：$x_1 x_2 = \dfrac{m^2 + 2}{k^2 - 1} > 0$，所以 $k^2 > 1$.

从几何的角度看，直线 AB 的斜率 $k > 1$ 或 $k < -1$.

因此 $f(k^2) = 2 + \dfrac{4}{k^2 - 1}$，$(k^2 > 1)$，此函数图像如图所示，

进而得到 $f(k^2) > 2$，即 $\overrightarrow{OA} \cdot \overrightarrow{OB} > 2$.

综合①②可知，$\overrightarrow{OA} \cdot \overrightarrow{OB} \geqslant 2$，所以 $\overrightarrow{OA} \cdot \overrightarrow{OB}$ 的最小值为 2.

代数化分析 2： $\overrightarrow{OA} \cdot \overrightarrow{OB}$ 的变化与设点 $A(x_1, y_1)$，$B(x_2, y_2)$ 有关，将其代数化得 $x_1^2 - y_1^2 = 2$，$x_2^2 - y_2^2 = 2$．

代数运算 2：

$\overrightarrow{OA} \cdot \overrightarrow{OB} = x_1 x_2 + y_1 y_2$，将上面两式相乘，得 $x_1^2 x_2^2 + y_1^2 y_2^2 - x_1^2 y_2^2 - x_2^2 y_1^2 = 4$，所以得 $x_1^2 x_2^2 + y_1^2 y_2^2 = 4 + x_1^2 y_2^2 + x_2^2 y_1^2$．

因为 $\overrightarrow{OA} \cdot \overrightarrow{OB} > 0$，

且 $(\overrightarrow{OA} \cdot \overrightarrow{OB})^2 = (x_1 x_2 + y_1 y_2)^2 = x_1^2 x_2^2 + y_1^2 y_2^2 + 2 x_1 x_2 y_1 y_2$

$$= 4 + x_1^2 y_2^2 + x_2^2 y_1^2 + 2 x_1 x_2 y_1 y_2 = 4 + (x_1 y_2 + x_2 y_1)^2 \geqslant 4$$

所以 $\overrightarrow{OA} \cdot \overrightarrow{OB} \geqslant 2$，当且仅当 $x_1 y_2 + x_2 y_1 = 0$，即 $\begin{cases} x_1 = x_2, \\ y_1 = -y_2 \end{cases}$ 时等号成立．

所以 $\overrightarrow{OA} \cdot \overrightarrow{OB}$ 的最小值为 2.

小 结

综上所述，平面解析几何研究的对象是直线、圆和圆锥曲线；"动"与"不动"是平面解析几何的思维特征；研究几何对象的几何特征（性质与位置关系）是解决平面解析几何问题的一般方法．平面解析几何的基本思想就是将几何对象代数化，经过代数运算得到代数结果，从而得到几何结论．

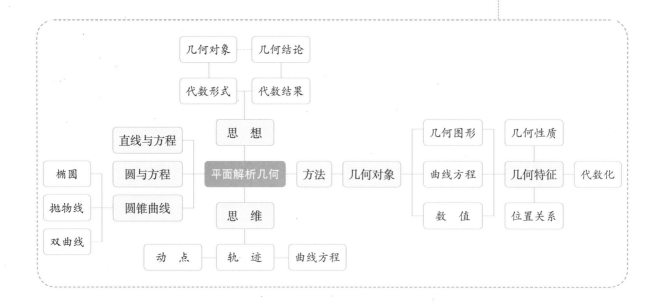

03

观点篇

你了解公理化思想吗?

为什么 7+5=12 呢?

7+5=? 大家都会算,这是小学就学过的知识了. 但我今天的问题是: 为什么 7+5=12 呢?

这是一个值得思考的问题. 比如我们在小的时候就知道, 7 个苹果加上 5 个苹果等于 12 个苹果, 但是, 如果给你的是 7 个苹果加 5 个梨, 问你总共是多少的时候, 是不是不那么容易回答了? 你也只能说得到 12 个水果了. 为什么就不好回答了呢? 这里面的道理你能"想明白、说清楚"吗?

类似地, 还可以提出几个值得思考的问题:

思考 1 两个分数比大小或做加减运算的时候, 如果分母不同, 为什么要通分呢?

思考 2 在学习整式的时候, 单项式与单项式相加减, 为什么只能是同类项合并呢?

思考 3 在高中, 我们要学习平面向量基本定理和空间向量基本定理, 这些定理与前面的问题有没有共性的理解呢?

下面, 我们先从 7+5=12 的原因开始分析、思考.

首先, 我们要思考的问题是 7 是谁? 5 是谁?

7 和 5 都是自然数, 它们的存在是由于 1 是单位量, 7 是 7 个 1, 5 是 5 个 1.

正是 5 和 7 有共同的单位量 1, 它们才可以进行加减运算. 所以 7+5 是 7 个 1 加上 5 个 1, 共 12 个 1, 因此才有 7+5=12.

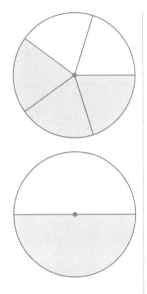

我们再看思考 1：

例如 $\frac{3}{5}$ 与 $\frac{1}{2}$．这是两个分母不同的分数，如果不化成小数的话，不能直接比出谁大谁小，也不能直接做加减运算．为此，就需要通分：$\frac{3}{5}=\frac{6}{10}$，$\frac{1}{2}=\frac{5}{10}$，这个通分的技能同学们都会了，但是道理是什么呢？

实际上，$\frac{3}{5}$ 就是将一个整体等分为 5 份，每一份即 $\frac{1}{5}$，这是一个分数基本单位，$\frac{3}{5}$ 的含义是它在整体中占 3 份，也就是 3 个分数基本单位；

同样，$\frac{1}{2}$ 是将整体等分为 2 份，$\frac{1}{2}$ 在整体中占 1 份，是一个分数基本单位．

由于 $\frac{3}{5}$ 与 $\frac{1}{2}$ 这两个分数基本单位不同，所以无法直接比大小，也无法相加减．

为此，就需要统一分数的基本单位了．

将以 $\frac{1}{5}$ 为分数基本单位的整体的每一份再等分，也就是将整体 10 等分，$\frac{1}{10}$ 为分数基本单位；

同样，将以 $\frac{1}{2}$ 为分数基本单位的整体的每一份再 5 等分，这样也是以 $\frac{1}{10}$ 为分数基本单位．

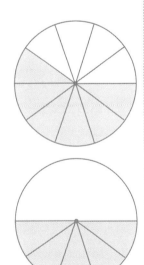

统一了分数基本单位之后，原来的 $\frac{3}{5}$ 是 5 份中占 3 份，现在就是 10 份中占 6 份，6 个 $\frac{1}{10}$，即 $\frac{6}{10}$；$\frac{1}{2}$ 就是 5 个 $\frac{1}{10}$；即 $\frac{5}{10}$ 了．

如此，两个原本分母不同的分数经过通分就可以进行加减运算，也可以比大小了．

统一两个不同分母的分数，使其具有相同的分母，本质上就是将两个不同等分下的整体等分为相同的分数基本单位．在这个基础上等分的份数也就具有了可比性，从而可以比较不同分母的分数大小和进行加减运算，这也就是分数通分的本质．理解了分数的通分及加减运算，那么对于分式的通分及加减运算也就解决了．

前面我们说 7 个苹果加 5 个苹果之所以能够得到 12 个苹果，这里面的 1

个苹果就是基本单位；但是一个苹果与一个梨就是不同的基本单位，因此 7 个苹果加 5 个梨，就无法用苹果或梨来表达了，改说 12 个水果，这里的水果就相当于找到的一个共同的基本单位.

观点：我们常说一生二、二生三，进而生成事物的全部，或者说生成万物，那么一就是事物的起点和事物演变的起点；同样，数学也反映了这个基本规律，这种规律实际上就是我们所说的公理化思想的体现.

老师说

公理化思想是建立在公理化方法之上的．公理化方法简言之就是从尽可能少的基本概念和一组不证自明的公理出发，利用纯逻辑演绎构成了一个公理体系，并在这个体系的基础上演绎出数学的所有概念和命题，进而将一门数学建立成为演绎系统的方法．

回顾中学阶段的数学教学内容，的确有很多的知识是可以从基本量的角度作为公理化的起点来演绎的.

例如，在七至九年级"数与代数"的学习中，我们是不是能感受到数是基础？因为数的概念是一切运算的基础，方程与不等式的研究始终离不开数；式的运算除遵循本身的一些运算法则外，最后常常归结到数的运算；函数的研究也离不开数集．数其实就可以看成是基本量.

数不仅可以用一个字母表示，也可以用数字与一个字母的乘积来表示，还可以用几个不同的字母与数的乘积来表示，这样就产生了单项式的概念．我们说任何单项式所表达的数都是变化的，而在同类项前提下的单项式所表达的数具有共同的代数特征.

问题 1：如何理解合并同类项的本质呢？

如 xy、$3xy$、$7xy$ 这些同类项合并之后是 $11xy$. 这里 xy 相当于是一个基本单位，所有和它同类的项，都是具有相同基本单位的式子（或数），在相同的基本单位的前提下，所谓的加与减，就是在用基本单位进行表示．也可以说在相同基本单位的前提下，合并同类项的问题就是实数的问题.

如果我们具有了公理化思想的眼光，我们看很多数学问题，都会用基本量的想法来理解了.

问题2：圆的弧长公式为 $l=\dfrac{n\pi R}{180}$，你如何理解公式的推导呢？

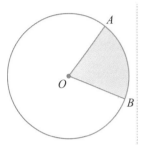

在半径为 R 的圆中，因为 $360°$ 的圆心角所对的弧长就是圆的周长 $C=2\pi R$，所以 $1°$ 的圆心角所对的弧长是 $\dfrac{2\pi R}{360}$，即 $\dfrac{\pi R}{180}$.

上面推导过程中的 $\dfrac{\pi R}{180}$ 就是基本单位. 于是，$n°$ 的圆心角所对的弧长就知道了，即 $\dfrac{n\pi R}{180}$.

同样，在半径为 R 的圆中，因为 $360°$ 的圆心角所对的扇形的面积就是圆的面积 $S=\pi R^2$，所以圆心角是 $1°$ 的扇形面积就是 $\dfrac{\pi R^2}{360}$. 这里的 $\dfrac{\pi R^2}{360}$ 就是基本单位，于是，圆心角为 $n°$ 的扇形面积为 $\dfrac{n\pi R^2}{360}$.

问题3：我们为什么要学习平面几何？

我们知道，平面几何这门学科源于欧氏几何，是一门用公理化思想演绎而成的完整的学科体系. 我们今天学习的平面几何尽管已经不是原汁原味的 2300 多年前的《几何原本》，但是这门学科的精髓——公理化思想仍然是平面几何学习的价值所在，也是培养我们数学思维能力的重要组成部分. 以几何知识为载体，我们不仅要学习演绎推理的思维方法，还要能领悟出这门学科体系所承载的公理化思想的脉络.

例如，在"平行线的判定"的学习中，首先要学一个基本事实，即公理："同位角相等，两直线平行."这个基本事实如何学呢？

思 考 我们以前已学过用直尺和三角尺画平行线（如图），在这一过程中，三角尺起着什么样的作用？

如何感受到这个结论的确是从实际生活经验中提炼出来的、是大家公认

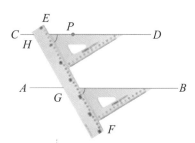

的事实呢？我们可以给自己提出这样的问题：我画过两条平行的直线吗？是怎么画出两条平行的直线呢？再动手操作实际画一画．如"利用一副三角板，将其中一个三角板沿着另一个三角板推上去画出的两条平行线，那么后面的这个三角板的作用是什么？在推升三角板的过程中什么没有变化？

我们还可以用一个三角板就画出两条平行线，有两种常见的方式：其一是沿着黑板的边沿推上去，这种画法和前面的画法完全一样；还有一种就是直接推升没有任何依靠，直接能画出两条大家还能认可的两条平行直线．这种画法背后的原因是什么呢？

如果我们不问，自己可能也不去想．实际上，我们仔细思考就会知道：看似没有另外一把尺子做依靠，但内心还是有这把尺子的位置的，是沿着一条直线的方向向上平移的，起到了所画出来的两条直线不相交的效果．

最后我们把作图的操作过程及思考转为数学的表达形式，提出下面这个基本事实．

知识卡片

　　平行线判定方法1　两条直线被第三条直线所截，如果同位角相等，那么这两条直线平行．
　　简单说成：同位角相等，两直线平行．

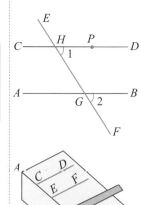

在随后的"内错角相等，两直线平行"与"同旁内角互补，两直线平行"的学习中，就要利用刚刚得到的基本事实作为推理的依据，进行严格的推理论证了．

在学习"平行线的性质"前，我们要思考：上节课我们是如何研究判定两条直线平行的方法的？要能够将上一节课运用公理化思想研究两条直线的判定的思维提炼并表达出来，看一看自己对公理化的思想是否有感觉了．随后，两条平行线性质的研究思路也就非常自然，符合逻辑了．即：按照公理化的思想也是首先要得到一个基本事实，即公理（两直线平行，同位角相等），并在此基础上推导出其他两条平行直线的性质．

在课堂学习中，两直线平行的前提下得到的同位角相等是用量角器测量得到的，这也是刚学平面几何的时候我们常用的一种验证方法．但是要控制使用这种方法的范围，不要误以为这也是数学论证的一个方法．用度量等方法得到的不是数学中的定理，只能是基本事实，是大家公认的结论．数学学习这样做的时候不是很多，往往是在平面几何学习的初始阶段，是为后面进行定理推导而总结出来的基本事实．

如果没有对度量法的作用做出限制，甚至在研究"两直线平行内错角相等或同旁内角互补"的时候，仍然把度量法作为一个方法去运用，这就违背了平面几何的公理化思想．

在学习平行线的第一条性质"两直线平行，同位角相等"的时候，也不要利用反证法去证明这条性质使之成为定理，这也是没有理解公理化思想的价值，是属于看似严谨但却违背学科思想观点的做法．

> 在高中的数学学习中，公理化思想仍是我们理解问题的重要的学科观点．

问题 4：在向量的学习中有没有公理化思想的体现？

知识卡片

平行向量基本定理 如果 $a=\lambda b$，则 $a/\!/b$；反之，如果 $a/\!/b$，且 $b\neq0$，则一定存在唯一一个实数 λ，使 $a=\lambda b$．

平面向量基本定理 如果 e_1 和 e_2 是同一平面内两个不平行的向量，那么该平面内的任一向量 a，存在唯一的一对实数 a_1、a_2，使 $a=a_1e_1+a_2e_2$．

可以看出，平行向量基本定理说的就是两个平行向量（或称共线向量）与实数 λ 之间的关系，非常清楚地阐述了这两个体系的等价性，也说明为什么我们可以把同一方向上的两个向量看作是实数了．如果我们规定了共线向量的单位向量 e，那么这个体系中的任何向量 a 就可以和它的一维坐标 x（实数）一一对应了．

平面向量基本定理告诉我们：由两个非零向量 e_1、e_2 确定的平面向量体系叫做"二维向量空间"，这个空间是由两个不共线的基底 e_1、e_2 确定的，这个二维空间的任何向量都可以用这一对基底进行唯一的线性表示．在这个二维向量空间中，如果这两个基底是模长为 1 的正交基底，用它们所线性表

示的任一向量 a 就都和一对有序实数 (x, y) 一一对应了，这对实数就是向量 a 的坐标．在平面向量的坐标表示下，向量的加、减及数乘运算就很容易地用坐标表示出来了，从而使得平面向量的运算变得简单起来．

推广到三维向量空间，空间向量基本定理告诉我们，空间中任何一个向量都可以用 3 个不共面的基向量来线性表示．这里面的基向量就是我们前面所说的基本单位．

知识卡片

空间向量分解定理　如果三个向量 a，b，c 不共面，那么对空间任一向量 p，存在一个唯一的有序实数组 x，y，z，使 $p = xa + yb + zc$．

向量的这三个基本定理将不同维度的向量空间的任意向量都归结为基向量的线性表示，从而使得不同维度下的向量都可以代数化、坐标化，让不同的向量之间的代数运算得以进行．

这三个基本定理让我们进一步体会到了基本单位（或基本量）在数学知识中的重要作用，从而更本质地理解我们学习数学知识的逻辑主线．

问题 5：对数列问题的理解，是否也可用到公理化思想呢？

在数列的学习中，除了用函数的思维理解数列问题，我们也可以从公理化思想的角度来认识数列．如：等差数列 $\{a_n\}$ 的通项 a_n 由首项 a_1 和公差 d 确定；等比数列 $\{a_n\}$ 的通项 a_n 由首项 a_1 和公比 q 确定．

因此，等差数列 $\{a_n\}$ 或等比数列 $\{a_n\}$ 的问题就归结为两个基本量即首项 a_1 和公差 d 或首项 a_1 和公比 q 了．可以说，等差数列 $\{a_n\}$ 是由基本量首项 a_1 和公差 d 生成的，等比数列 $\{a_n\}$ 是由基本量首项 a_1 和公比 q 生成的．

等差数列 $\{a_n\}$ 的前 n 项和 S_n 与等比数列 $\{a_n\}$ 的前 n 项和 S_n 本身也都是数列，本质上也都是由基本量 a_1 和 d 或 a_1 和 q 确定的．研究数列问题的基本方法是首先要判断这个数列的属性，如果是等差数列或等比数列，就转化为基本量 a_1 和 d 或 a_1 和 q；如果不是等差数列或等比数列，研究的一个主要途径就是将其转化为等差数列或等比数列问题，从而最终还是转化为基本量．

问题 6：围绕初中、高中阶段的学习，你还能举出公理化思想应用的例子吗？

通过对"7+5 为什么等于 12"的追问，我们看到了公理化思想在整个数学学习中的价值．学习数学，首先就是要学会用数学的思维方法理解问题．毫无疑问，公理化思想为我们打开了一扇理解数学知识的窗户．

在几何的学习中，这种基本单位（或基本量）的思维同样发挥着核心的作用．如：

在平面几何中，点、直线是组成几何图形最基本的几何元素，是它们构成了各种各样的基本图形，如三角形、四边形等．圆也是一个基本图形，它与直线型的基本图形又构成了复杂的复合图形．

在立体几何的知识中，除了点、线、面这些基本元素之外，基本几何体（如正四面体、正方体等）也是构成复杂空间几何体的基础．当然，也是研究复杂的空间几何体的出发点．

从这个角度看，我们所学习的初中和高中的数学内容，在基本单位（或基本量）的思维下又找到了它们共性的东西，也为我们整体看待初高中的数学知识提供了一个独特的视角．

当然，支撑这个视角的是公理化的数学思想，不论是在代数还是几何的学习中，基本单位（或基本量）都使得数学的演绎在公理化体系中得以实现．

老师说

2012 年我在海淀区教委宣传科组织的"家庭教育大讲堂"上，就"高中数学学习的策略与方法"和自愿来听讲座的家长们做了比较深入的交流．在会后和家长们的对话过程中，一位有在英国留学读博经历的家长给我留下了比较深刻的印象．他非常认同我在讲座中对中学阶段学生数学学习的现状的分析和思考，他认为在中学数学的教学中对数学基本思想和方法的唤醒不仅非常必要，而且难能可贵．他发给我的邮件中阐述道："从广义的意义上来说，许多社会问题，无论是科学的、政治的、经济的、文化的，甚至是军事的，很多都是起源于对基本单位的定义和理解，也就是数学上的 1，以及 0 到 1 的由来．"

这位家长用"基本单位"这一概念从宏观的层面上揭示了许多社会现象的本质，实际上就是公理化的思维．对于我们的数学学习来说也是一种启示．

融会贯通:

函数思想、观点有用吗?

在理解每个单元知识的时候,我们思维活动的依据都是这个单元最核心的概念,每个单元的知识所承载的思维方法都有着自己独特的特征.如果我们把握住了这个单元知识所承载的思维方法,也就表明我们通过知识的学习学到了数学的思维方法.

思考1 单元知识所承载的思维特征与学科的思想、观点是一回事吗?

我认为,学科的思想、观点要比单元知识所承载的思维特征更上位,它可以超越单元知识的局限,可以跨越各个学段.类似我们前面所提到的公理化思想,小学、初中、高中在学习某些知识的过程中都渗透着公理化的思想,甚至到了大学的学习,我们仍然能够感受到公理化思想的力量.

因此,我们学习数学知识不仅要学会单元知识所承载的思维特征、研究问题的方法,还要能够上升到覆盖面更广的思想、观点这个层面,能够运用所掌握的数学思想、观点认识世界,理解世界.学科的思想、观点是能够伴随着我们成长、生活、工作的,是我们学习知识的最大价值.

思考2 在我们现阶段的学习中,数学的思想、观点有没有实际的作用呢?

我们以函数为例感受一下函数的思想、观点在解决数学问题中的作用.

在解决表面看似乎不是函数问题的时候,为了运用函数的思想、观点,要从思维的层面去认识所要研究的对象,看看有没有两个相互依赖的变量,其中一个变量的变化引起另外一个变量的变化,如果有,我们就可以考虑将其转化为函数的问题.

问题 1：设 $a \in \mathbf{R}$，若 $x > 0$ 时，均有 $[(a-1)x-1](x^2-ax-1) \geqslant 0$，则 a 的值是多少？

分析：如何理解不等式 $[(a-1)x-1](x^2-ax-1) \geqslant 0$ 呢？

如果不去理解，或者说你没有理解问题的习惯，就很容易用操作去替代理解，如：

- 同正同负（包括等于 0），列两个关于 x 的不等式组；
- 系数分离，将参数 a 与未知数 x 分别列在不等式的两边；
- 以 a 为元重新整理不等式，得到一个关于 a 的一元二次不等式……

上述操作都很难求出 a 的值，原因是没有理解就去操作，没有对研究对象的性质做任何研究，仅仅从外在的形式上去做判断，用现成的方法去套用，往往是没有效果的．

老师说

表面看不等式 $[(a-1)x-1](x^2-ax-1) \geqslant 0$，似乎求解才是正路，但是我们更应该把这个不等式看成是数学的表达式，是一种表达数量关系的式子，是数学的符号语言．如此，就需要我们理解它，而不是马上就去变形、操作、计算等．

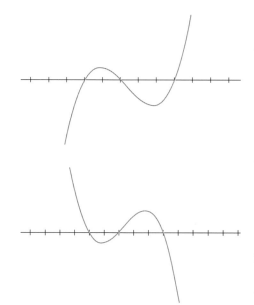

不等式左端的式子比较复杂，含有未知量 x 与参数 a，但如果把未知量 x 理解为自变量，$x > 0$ 就是自变量 x 的取值范围，$[(a-1)x-1](x^2-ax-1)$ 就是关于 x 的函数了．

观点一

设 $f(x) = [(a-1)x-1](x^2-ax-1)$，其中 $a-1 \neq 0$（否则是二次函数，开口向下的抛物线，不符合"若 $x > 0$ 时，均有 $[(a-1)x-1](x^2-ax-1) \geqslant 0$"这个条件）；因此这是一个三次函数．

三次函数的变化状态一般来说有两种：要么两增一减、要么两减一增，对于本问题中的三次函数，其变化状态是确定的吗？

因为"若 $x > 0$ 时，均有 $[(a-1)x-1](x^2-ax-1) \geqslant 0$"这个条件，我们知道函数 $f(x)$ 的变化趋势一定是增减增，否则，如果是两减一增的话，最右边的函数图像一定是在 x 轴的下方了．故 x^3 的系数大于零，所以有 $a-1 > 0$；因为函数 $f(x)$ 一般有三个零点，如右图．

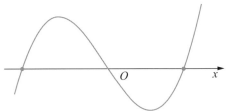

由 $(a-1)x-1=0$，得 $x_1 = \dfrac{1}{a-1} > 0$，是一个正零点；

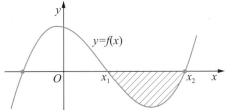

由 $x^2-ax-1=0$ 还可以得到两个零点．设零点为 x_2、x_3，由 $x_2 x_3 = -1$ 知二者为一个正零点和一个负零点，不妨设 $x_2 > 0$，那么零点 x_2 与零点 $x_1 = \dfrac{1}{a-1}$ 是什么关系呢？

如果 $x_2 \neq x_1 = \dfrac{1}{a-1}$，函数的示意图如右：

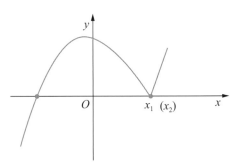

显然与"$x > 0$，均有 $f(x) \geqslant 0$"不符，故 $x_2 = x_1 = \dfrac{1}{a-1}$，即两个正零点是相同的，如右图．

将 $x_2 = \dfrac{1}{a-1}$ 代入 $x^2-ax-1=0$，解得 $a = \dfrac{3}{2}$．

观点二

还有一种观点是将不等式左端看成两个函数：分别是一次函数 $y_1 = (a-1)x-1$（此时，$a-1=0$ 不符合题意）和二次函数 $y_2 = x^2-ax-1$．两个函数就要研究它们之间的关系，从代数关系看，$x=0$ 时，都有 $y=-1$，表明两个函数图像过同一个点 $(0, -1)$；而 $y_2 = x^2-ax-1$ 有正负两个零点，抛物线的开口向上，因此 $y_1 = (a-1)x-1$ 的图像特征是分析重点：

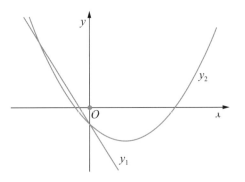

如图，若 y_1 单调递减，则 $a-1 < 0$，此时有 y_1，y_2 同负，但没有 y_1，y_2 同正，与 $y_1 y_2 \geqslant 0$ 不符．

因此，函数 y_1 必单调递增，为了满足 $y_1 y_2 \geqslant 0$，$x > 0$，函数 $y_1 = (a-1)x-1$ 的图像还要过函数 $y_2 = x^2-ax-1$ 的图像与 x 轴正半轴的交点，如图．

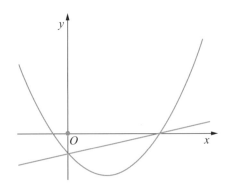

因为 $y_1 = 0$ 时，得 $x = \dfrac{1}{a-1}$，代入 $x^2-ax-1=0$，解得 $a = \dfrac{3}{2}$．

敲黑板

　　解决这个问题的关键，是对所面临的不等式的理解，而不是如何操作．理解的切入点是将不等式问题转化为函数问题，落脚点就是运用我们所熟悉的研究函数的方法来解决问题．所谓的函数观点，就是用函数的思维与方法理解并解决非函数的数学问题．

问题2：关于 x 的方程 $(x-a)(x-b)=2\,(a<b)$ 的两实根为 α、β，且 $\alpha<\beta$，试比较 α、β、a、b 的大小．

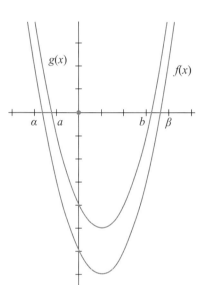

　　分析：如何将关于 x 的方程问题转化为函数的问题来解决，这就是用函数的观点看待方程问题．

　　设 $f(x)=(x-a)(x-b)-2$；　$g(x)=(x-a)(x-b)$．

　　如图所示，$g(x)$ 的图像与 x 轴有两个交点：$(a,0)$，$(b,0)$；

　　也可以理解为函数 $g(x)$ 的零点为 $x=a$，$x=b$. 而 $f(x)$ 的图像是把 $g(x)$ 的图像沿 y 轴下移 2 个单位得到的．

　　由已知条件"关于 x 的方程 $(x-a)(x-b)=2\,(a<b)$ 的两实根为 α、β"，知函数 $f(x)$ 的图像与 x 轴有两个交点：$(\alpha,0)$，$(\beta,0)$．

　　由图得 $\alpha<a<b<\beta$.

　　当然，也可以将方程两端的式子设为函数 $y_1=(x-a)(x-b)$ 和 $y_2=2$，这两个函数图像交点的横坐标就是 α、β，由图像易得大小关系：$\alpha<a<b<\beta$.

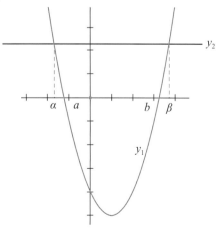

老师说

　　这个问题的解决过程可以启发我们，对于方程问题（包括不等式问题），我们都可以设法转化为函数问题，这样就可以利用函数的图像来解决问题了．这种用不同的方式理解问题并选择恰当的数学方法解决问题就是数学思想、观点的运用．

问题 3： 设 $a > 1$，若仅有一个常数 c 使得对于任意的 $x \in [a, 2a]$，都有 $y \in [a, a^2]$ 满足方程 $\log_a x + \log_a y = c$，求 a 的值．

　　分析：正确理解本题的关键是如何看待条件中的 x、y. 实际上，这里的 "任意的 $x \in [a, 2a]$，都有 $y \in [a, a^2]$" 中的 x、y 是相互依赖的两个变量，是不是函数关系呢？是什么函数呢？那就需要我们找到这两个变量之间具体的关系式．

　　由 $\log_a x + \log_a y = c$ 得 $y = \dfrac{a^c}{x}$，显然这就是它们的函数关系，是反比例函数．其中，$[a, 2a]$ 是自变量 x 的取值范围，但是条件中的 $[a, a^2]$ 并不是这个函数的值域，值域是由函数的定义域 $[a, 2a]$ 及函数的解析式 $y = \dfrac{a^c}{x}$ 决定的．

　　因为 $y = \dfrac{a^c}{x}$ 在区间 $[a, 2a]$ 上是减函数，可求得 $\dfrac{a^{c-1}}{2} \leqslant y \leqslant a^{c-1}$，也就是函数的值域为 $\left[\dfrac{a^{c-1}}{2}, a^{c-1}\right]$；为了满足条件 "对于任意的 $x \in [a, 2a]$，都有 $y \in [a, a^2]$"，函数的值域 $\left[\dfrac{a^{c-1}}{2}, a^{c-1}\right]$ 一定是区间 $[a, a^2]$ 的子集，如图．由此求得 $2 + \log_a 2 \leqslant c \leqslant 3$，因为常数 c 是唯一的，故 $c = 3$，所以 $a = 2$.

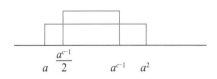

在上述问题的理解和解决的过程中，我们的思维活动围绕"如何认识两个变量之间的关系？如何理解 $y \in [a, a^2]$？如何理解题目中的等式？"展开，函数的思想、观点起着非常重要的作用．

练习 若 $\sin^3 \theta - \cos^3 \theta \geqslant \cos \theta - \sin \theta$，$0 \leqslant \theta \leqslant 2\pi$，求 θ 的取值范围．

分析：条件 $\sin^3 \theta - \cos^3 \theta \geqslant \cos \theta - \sin \theta$，变形为 $\sin^3 \theta + \sin \theta \geqslant \cos^3 \theta + \cos \theta$，

构造函数 $f(x) = x^3 + x$，原不等式可表示为 $f(\sin \theta) \geqslant f(\cos \theta)$，

函数 $f(x)$ 为 **R** 上单调递增函数，故有 $\sin \theta > \cos \theta$ 且 $0 \leqslant \theta \leqslant 2\pi$，所以

$\theta \in \left[\dfrac{\pi}{4}, \dfrac{5\pi}{4}\right]$．

问题 4：当 $x \in [-2, 1]$ 时，不等式 $ax^3 - x^2 + 4x + 3 \geqslant 0$ 恒成立，则实数 a 的取值范围是（ ）．

A. $[-5, -3]$　　B. $\left[-6, -\dfrac{9}{8}\right]$　　C. $[-6, -2]$　　D. $[-4, -3]$

分析的要点：

- 本题也是函数观点运用的好例子；

- 选择合适的函数进行研究；

- 对定义域进行划分．

如果直接研究函数 $y = ax^3 - x^2 + 4x + 3$，因为 $y' = 3ax^2 - 2x + 4$，极值点不易求．转而借助不等式，转化为两个可以研究的函数．

$ax^3 \geqslant x^2 - 4x - 3$ 进一步转化为：

① $x \in [-2, 0)$，$a \leqslant \dfrac{x^2 - 4x - 3}{x^3} = f(x)$，

只需 $a \leqslant f(x)_{\min}$，

$f(x) = \dfrac{1}{x} - \dfrac{4}{x^2} - \dfrac{3}{x^3}$，$f'(x) = \dfrac{-(x-9)(x+1)}{x^4}$，$f'(x)$ 图像如图所示．

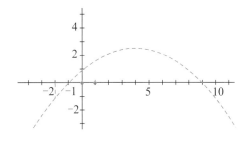

$f(x)_{\min} = f(-1) = -2$，所以 $a \leqslant -2$.

② $x = 0$ ，$0 \geqslant -3$ ，些时 $a \in \mathbf{R}$.

③ $x \in (0，1]$ ，$a \geqslant \dfrac{x^2 - 4x - 3}{x^3} = g(x)$ ，只需 $a \geqslant g(x)_{\max}$ ；

导函数 $g'(x)$ 的图像也就是 $f'(x)$ 的图像，如图所示 .

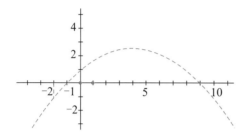

可知，函数 $g(x)$ 在 $x \in (0，1]$ 是单调递增函数，所以 $g(x)_{\max} = g(1) = -6$ ，因此 $a \geqslant -6$.

综合①②③，实数 a 的取值范围是 $[-6，-2]$.

小　结

　　函数的思想、观点是我们学习函数之后，运用函数的思维理解不等式、方程等问题，运用函数的研究方法解决不等式、方程等问题的统领 . 没有函数的思想、观点，我们就很容易陷入到繁难的操作计算中，对数学问题的理解也就难免偏颇，看不到本质 .

从华罗庚先生的一首小诗谈起：

如何学习"数形结合"呢？

华罗庚（1910~1985）
中国数学家．生于江苏金坛，卒于日本东京．在解析数论、矩阵几何学、典型群、自守函数论、多复变函数论、偏微分方程、高维数值积分等广泛数学领域中都做出了卓越贡献．

数与形，本是相倚依，焉能分作两边飞？

数缺形时少直观，形少数时难入微．

数形结合百般好，隔裂分家万事非．

切莫忘，几何代数统一体，永远联系且莫离．

——摘自华罗庚《谈谈与蜂房结构有关的数学问题》

我国著名的数学家华罗庚先生非常关心数学教育，他的数学教育名言中以"数形结合"一词流传最广．走到任何一所学校，问任何一位数学老师，没有不知道"数形结合"的．

在数学的学习中，我们如何理解并运用"数形结合"这一重要的数学思想呢？

问题 1：对于函数 $y = 2x - 1$，如何研究其性质？

常常就是先画出它的函数图像，如下页图．然后观察这个一次函数图像，可以发现直线 $y = 2x - 1$ 从左向右上升，由此可知，对于一次函数 $y = 2x - 1$，

y 随着 x 的增大而增大.

这就是由"数"一次函数 $y = 2x - 1$ 到"形"直线 $y = 2x - 1$.

但这样的由"数"到"形"是不是缺了一点什么？是不是有些地方没有说清楚？如为什么"直线从左到右上升"就有"y 随着 x 的增大而增大"呢？这里面的两个变量 y 与 x 和直线 $y = 2x - 1$ 是什么关系呢？

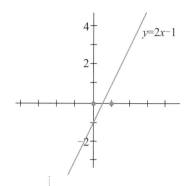

敲黑板

我们在学习数学的时候，就要多问几个为什么，不要轻易接受结论.

实际上，我们从一次函数 $y = 2x - 1$ 的解析式中，就能够得出自变量 x 越大，因变量 y 越大，这是对一次函数的代数特征的分析. 在此基础上，我们转到"形"：把自变量 x 作为点的横坐标，把因变量 y 作为点的纵坐标，这样，在平面直角坐标系 xOy 内，我们得到了点 (x, y)，显然，这是动点，随着横坐标的增大，其纵坐标也在增大，其轨迹就是从左向右上升的直线了.

问题 2：探究抛物线 $y = mx^2 - 2mx + m - 1$ 的特征.

根据这个二次函数的解析式 $y = mx^2 - 2mx + m - 1$，可以得到如下有关"形"的几何特征：抛物线是开口向上或向下的，顶点坐标为（1，−1），抛物线与 y 轴的交点是动点.

上述思维过程也是从"数"到"形"的过程，但是我们是不是能够感觉到，所谓的"形"是思维活动后的结论，从"数"到"形"的数学思维过程是缺失的.

实际上，从二次函数的解析式 $y = mx^2 - 2mx + m - 1$，我们应该先从这个解析式的代数特征去分析，这样就不难发现参数 m 是不确定的，因为题目已经明确是抛物线，所以 $m > 0$ 或 $m < 0$，因此才有抛物线开口向上或向下的几何特征.

因为解析式可以配方得：$y = m(x - 1)^2 - 1$，所以抛物线的顶点为（1，−1）；

从解析式还可以知道：$x = 0$ 时，$y = m - 1$，对应的点是 y 轴上的动点（0，$m - 1$）.

> 问题的研究对象是"数"：抛物线的表达式也就是一次函数的解析式，要得到的是几何的特征.

老师说

　　可以看出，从"数"到"形"不是一步到位的，应该是由"数"到"数"，再到"形"，中间的这个"数"是对代数研究对象（第一个"数"）的代数特征的分析，是得到"形"这个几何结论的思维过程．

　　如何理解从"形"到"数"呢？

 问题 3：如图，已知 $\triangle ABC$，$AD \perp BC$ 于 D，$BE \perp AC$ 于 E，问：在这个图形中，角之间是否有特殊的关系？

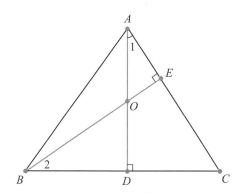

　　回答：$\angle 1 = \angle 2$．当然，也许有人会问：为什么 $\angle 1 = \angle 2$？你就会从直角 $\triangle AOE$ 与直角 $\triangle BOD$ 有一组对顶角，因而 $\angle 1 = \angle 2$ 来回答．这就是所谓的从"形"到"数"．

　　你感觉到缺失什么了吗？在得出 $\angle 1 = \angle 2$ 之前，你对图形理解的思维活动是什么呢？

　　实际上，我们首先看到的"形"就是 $\triangle ABC$，如何理解这个图形是首先要思考的问题：边 BC 上的高线 AD 将 $\triangle ABC$ 分成两部分，即直角 $\triangle ABD$ 和直角 $\triangle ACD$；边 AC 上的高线 BE 也将 $\triangle ABC$ 分成两部分，即直角 $\triangle ABE$ 和直角 $\triangle BCE$；如果从整体的角度看待 $\triangle ABC$，它被两条高线分成了 4 部分，即：钝角 $\triangle ABO$，直角 $\triangle AOE$ 和直角 $\triangle BDO$ 以及四边形 $ODCE$．上述分析，就是对"形"的几何特征的理解，在此基础上，也就很容易得到代数的数量关系：$\angle 1 = \angle 2$ 了．

　　这个例子的分析告诉我们，从"形"到"数"，不是一蹴而就的，中间是有思维过程的．

问题 4：美国密苏里州的圣路易斯拱门是座雄伟壮观的抛物线形建筑物，
是圣路易斯市的地标，比华盛顿纪念碑、自由女神像和欧洲的
比萨斜塔都要高．如图，拱门的地面宽度为 200m，两侧距地面
高 150m 处各有一个观光窗，两窗的水平距离为 100m，你能求
出拱门的最大高度吗？

 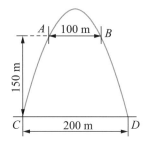

思考 1　如何建立直角坐标系？

思考 2　如何设抛物线表示的二次函数解析式并求出解析式？

这个问题是通过实际例子引入，抽象成抛物线（当然，这个雄伟的建筑只是像抛物线形，标准的说法是不锈钢悬链线的建筑物），再通过建立直角坐标系，得到二次函数的解析式，从而运用二次函数的性质解决拱门高度的问题．

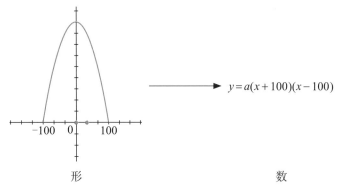

形　　　　　　　　　　　　　数

分析：怎样理解二次函数解析式中的自变量 x、因变量 y 与抛物线之间的关系呢？

在直角坐标系 xOy 的背景下，抛物线这个"形"是动点运动形成的轨迹，随着动点 $(x，y)$ 的运动，其横坐标 x 与纵坐标 y 就发生变化，这个过程我们可以理解为是横坐标 x 的变化引起了纵坐标 y 的变化，或者说任意一个横坐

标 x 都有唯一确定的 y 与之对应，那么纵坐标 y 就是横坐标 x 的函数了．在上述思维活动的基础上，才好理解"如何设抛物线表示的二次函数解析式"这样的问题．

老师说

从"形"到"数"也不是一步到位的，应该是由"形"到"形"，再到"数"，中间的这个"形"是对几何研究对象（第一个"形"）的几何特征的分析，是得到"数"这个代数结果的思维过程．

小 结

"数形结合"是我们理解数学问题、研究数学问题时要运用的重要的数学思想．我们在运用这个数学思想去理解数学问题的时候，不能机械化，不能将这样一个生动的具有丰富内涵的数学思想结论化．如果以为从"数"到"形"或从"形"到"数"就是"数形结合"，那么这样的认识是肤浅的，原因在于没有能够从思维的层面去深刻理解"数"与"形"的关系．

简单说，所谓的"数形结合"就是"数—数—形"或"形—形—数"．中间的"数"或"形"是数学的思维活动，也就是对"数"这个研究对象的代数特征的分析，或是对"形"这个研究对象的几何特征的分析．

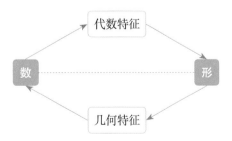

结束语：唤醒数学的思维

——写给老师和同学们

通过数学的学习，我们学的是什么？这是我想和读者们交流的一个问题．这里的读者包括学生读者和教师读者．按照我的教学习惯，我希望先听听同学们的想法．

问题 1：作为一名学生，学数学是为了什么？

"数学教会了我什么？"是本书引子的题目，作者是北京市中关村中学 2019 届毕业生曹文浩．回顾 12 年的数学学习，曹文浩同学最深刻的感悟是："数学教我成为一个理性的决策者"．从他的这个观点，我们不难看出，对他而言，学习数学的意义不在于数学知识本身，而在于学习数学给他的思维成长带来的价值．在学习数学的过程中，他享受到的是思维活动的乐趣．当然，好的数学成绩帮助他考取了清华大学．用他自己的话说，"顺带着数学让我应付了一场考试，把自己选拔到了一个相对更好的平台"．

每一位读这本书的同学，你有没有问过自己，学数学是为了什么呢？

数学是自然科学的基础，也是重大科技创新发展的基础．数学实力往往影响着国家实力，几乎所有的重大发现都与数学的发展和进步相关．数学已成为航空航天、国防安全、生物医药、信息、能源、海洋、人工智能、先进制造等领域不可或缺的重要支撑．一个很有代表性的例子：华为的 5G 标准源于土耳其的埃达尔·阿勒坎教授十多年前的一篇数学论文．

但是，作为学生的我们需要知道：在中学阶段所学习的数学知识不是直接为了今后工作、生活等实际应用的，也谈不上能够直接应用到科学技术的进步中．学习数学知识的最大价值在于培养同学们的逻辑思维能力．在学习数学的过程中，你们要能够提出问题、思考问题、研究问题，找到解决数学问题的方法．在这样的学习过程中，磨炼自己的意志品质，提高自己分析问题和解决问题的能力．数学学习会让我们能够用数学的眼光观察这个世界，会用数学的思维思考这个世界，会用数学的语言表达这个世界．

问题2：作为一名数学教师，在课堂上通过数学知识要教什么呢？

众所周知，数学教学与其他学科的教学一样，都是以知识为载体的．但是，载体终归是载体，任何学科的教学都不能仅仅是进行知识本身的教学，也不以学生掌握知识为教学的终极目标．教学活动的目的是引导学生通过数学知识的学习，体会数学知识所承载的学科的思维特征、掌握研究问题对象性质或关系的一般方法和解决数学具体问题的具体方法，能够运用数学学科的思想、观点从更深刻的角度理解并解决数学问题．

问题3：真的"学会了"吗？

在课堂教学中，常常会看到这样的一种情形：当老师给出问题之后，学生就按照老师的要求动手操作（解题或画图）．在学生操作之前，没有思维活动的交流环节，老师更关注学生是否能够解决问题，关注学生能够用多少种方法去解决问题．往往忽视了学生面对问题的时候是如何理解、如何思考的．这种"忽视"反映出教师对如何"教"学生没有设计，也没有实施的教学方法，而是把精力更多地放在了检查学生是不是"学会了"．

如果不会，一种办法是教师直接讲结果，把课堂教学变成了没有师生之间思维交流的"教"，也就是我们常说的"灌输"；还有一种做法就是再找一个会的学生去操作，替代不会的学生．长此以往，一些学生由于没有被"教"过，也就学不会了．那些完成老师布置任务的学生，往往被老师认为是"学会了"的学生．是真的学会了吗？这里要打一个问号．不是答案对了，就代表学会了．如果教师很明确自己要教学生什么的话，就可以通过与学生的交流，去检验学生是否掌握了自己所教的思维方法与解决问题的方法；但如果教师自己都说不清楚自己教学生什么样的思维与方法，仅仅是学生要学的知识都讲过了的话，教师也就不知道如何去验证学生是否被教会了，只好通过考试成绩来判断，但这显然不是最好的检验是否教会的方法．

"教"更多的是聚焦在思维层面上，学生的会与不会，通过他们的操作结果（包括考试的成绩）在一定程度上是可以检验出来．但是，作为教师，能不能通过学生操作的结果去判断学生是"教"会的还是没"教"也会？不会的原因是自己没教还是学生没学？可能就不好下结论了．课堂上，不能也像考试那样，通过最后的结果来判断学生的学习状态，而更应该充分利用教学中师生之间的数学思维活动，去了解学生的思维水平，判断自己的"教"是否引发了学生的"学"，并最终学会了．

问题4：如何把学生"教会"呢？

通过知识的教学一定是要教出东西来的，而绝不是知识本身．我的认识是：首先要教知识所承载的数学思维：也就是要教学生如何用数学概念去思考问题、教学生如何理解知识的本质、教学生如何从逻辑关系的角度认识不同的知识，教学生从知识的整体结构把握章节知识．可以看出，教会学生不仅仅是掌握知识本身那么简单，而是要能够把知识变成学生自身的精神财富，转化为学生的思维能力；其次，通过知识这一载体要教学生解决问题的方法，这种方法不是套路化的，是指向学生的思维能力的．

教师是不是真正在教学生也很好判断，就看其课堂上是否开展了数学思维活动．你所提出的问题是满足于学生好理解还是追求好好想才能回答？你的教学是否能够激发出学生学习数学的兴趣？有数学思维的课堂才是有魅力的，没有数学思维的教学是教不会学生的．

20世纪80年代，在全国著名数学特级教师孙维刚先生的一节习题课上，当学生到黑板前讲解题方法的时候，他特别叮嘱学生："要先讲想法再讲解法"．看似普通的一句话，很好地诠释了如何教会学生，值得我们好好地体会、实践．我们要知道：学生的解法都是思考后的结果，如果不交流他是怎么得到的解决问题的方法，那就是对解决问题过程中最有价值的思维活动的漠视，其后果是会做的学生，没有机会去提炼他的思维并能上升到理性；而不会的学生仍然是不会．

教会学生是每一个教师的责任．作为教师的我们只有把精力放在知识的研究上，把握知识的内在思维规律，明确知识的教育教学的价值，才有可能真正把学生教会．

总之，学校里的数学教学就是要让学生通过数学知识的学习，获得更有理性的数学思维．作为学生，运用学到的数学思维去认识世界是学习数学的价值所在；作为数学教师，你的视野不能止于中考或高考，而应该指向一个青年的可能发展，教师所进行的教学研究不应该局限于"如何教"，而应当超越方法与手段，指向对"是什么"的内涵式追问．

愿这本书能为唤醒数学思维带来启迪．